日本数学教育の形成

伊達　文治
DATE Fumiharu

渓水社

出版に寄せて

　日本における数学史研究の先達ともいえる中村幸四郎先生は，その数学的な Background のせいかもしれないが，数学は「連続」に対する飽くなき探求の歴史である，とどこかで仰っておられた。17世紀における解析学の発明や幾何学の位相幾何への進展などは，この種の課題意識がなければとうてい実現しなかったであろう。しかしそれは数学を数学たらしめる内発的「動機」であって，数学と直に関連する複合的な学問領域では相を異にする。

　私の先生は「数学教育」を学問研究の対象にしようと力を尽くされたお一人である。已にない。その様な師に巡り会えたことを，密かに誇りに思っている。師のコトバをそのまま使えば数学教育研究が「学問のハシクレにも思われなかった」時代に，数学とは一線を画す学問領域であることを主張されようとした。数学の側からも教育学の側からも「学」として亜流にみられていた時代に，随分と勇気のいることであったろう。だから先生は数学教育を数学との連続の下でみることを，ことのほか嫌っておられた。つまり「数学教育研究が数学者の余技あるいは隠居仕事の類であってはならない」と常に仰っていた。このコトバには数学教育学黎明期の覚悟が込められており，さらにいえば自己研鑽に対するある種の気合でもあった。またトポロジー（先生はいつもドイツ語訛で発音されていた）を研究されようとした学問的出自が，数学教育学への強い自負と自己韜晦を綯い交ぜにしたコトバを生んでいたのかもしれない。

　伊達さんのお仕事を上記に重ね合わせて考えるなら，数学教育史を数学史との連続で考えることの戸惑いや，非連続の下で捉えることの困惑のあったことは想像に難くない。特に数学史との間に一線を画すことで，そこには nolens volens 好むとこのまざるとに関わらず革新や変革を伴うこととなり，一歩ずつ数学教育史が数学史の中から現れることになる。無論そこに苦難や困難がなければ，その成果は数学史の亜種であって，数学教育学の側からす

れば読むほどのことはない代物となろう。

　ここに学位論文として出版の形で世に問うことができるのも，非連続の自覚とそれに伴う革新のあった証左といえる。わが国でも数学教育史研究で博士学位のあることを承知しているが，それが既刊の著書の形をとっているものは寡聞にして二冊しか知らない。お二方とも理学部数学の出身ではない。伊達さんだけが理学部の出自で，その学的な背景から教育というより，むしろ内容そのものの歴史的展開への関心に優れていたと思う。だから先述の「非連続」に直面しなければならなかったはずである。

　もし私にこの著作の成立に関して何某かの功績があるとすれば，上記の非連続に様々な角度から直面させるきっかけを与えたからかもしれない。当初ユークリッドの原論について研究したいといっていた伊達さんに与えた研究課題は，日本における情意的学力の不振の淵源を日本における西洋数学受容のプロセスに尋ねよという，とんでもないものであった。PISA や TIMSS に始まるこの種の学力問題を，マスコミの紙面をときおり賑わす話題に堕としてはならないと考えていた。長らく高校で数学の教鞭を執っていた伊達さんにとっても，思いは同じで，大学に入学と同時に賞味期限の切れるような認知的学力にどのような意味があるのか，と考えていた。その同意から二人三脚は始まり，そして一人の研究者として離陸した。

　この演習に何年の歳月をかけたのであろうか。そこにかけた労力は的確に数学史と数学教育を架橋しており，そこにつぎ込んだ年月はその努力を見事に知的成果として熟成させている。それが本書である。

　平成24年　年の瀬の頃

広島大学大学院教育学研究科教授　岩崎　秀樹

まえがき

　人間にとって，しかも普通の人間にとって，数学は何なのか，彼らにとって，数学を学ぶことの意味・効用は何であるか。

　これは，平林一榮先生が投げかけられた，単純には答えの出ない哲学的理念的な問いの一つである（平林，2004，p.181）。「普通の人間にとって」には，「街をいく市井人にも，家庭に在る平凡な主婦にも」（平林，1987，p.404），即ち，数学を専門としない普通の人間にとっても，という意味合いがある。冒頭の問いは，普通教育における「数学教育」の意義を問うことにつながっている。

　私は現在，上越教育大学大学院学校教育研究科教科・領域教育専攻自然系コース数学分野に籍を置き，学生や院生の指導に当たっている。その学生や院生の殆どは教員を志望している。4年余り前までは，広島県立の高等学校に約30年間勤務していたから，数学教育にはかれこれ30数年間携わっていることになる。振り返ってみると，冒頭の問い「数学は何なのか，数学を学ぶことの意味・効用は何であるか」は，意識するしないに拘わらず，数学教育に携わってきた30数年間，そして今もずっと問い続けている問いに相違ない。勿論，今もその答えに至っているとは到底言えないが，この問いに対する課題意識は少しずつではあるが本質に近付きつつあるようにも思える。

　数学は，人間の活動から生み出された文化的所産であり，各文化の中でつくられ発展している。数学を学ぶことは，数学的活動を通して自らの中に数学をつくっていくことに他ならない。ところが，これまでの学校数学は，数学や学習を文化的に捉える姿勢に極めて希薄であったと言わざるを得ない。数学は文化とは無縁に既に出来上がった不変不動のものであり，それを習得するのが数学の学習であるという数学観や学習観ではなかったか。授業を知識・技能の習得の場とだけに捉え，自らの中に数学をつくっていく授業を行っていなかったのではないか。数学の情意的学力の向上が喫緊の課題となっている今日，私たち算数・数学教育に関わる者は，これまでの学校数学をよく見直していかなければならない。

このたび，本書『日本数学教育の形成』を，「平成24年度上越教育大学学術研究成果出版助成」により，出版することになった。本書は，昨春に広島大学より博士（教育学）学位を授与された学位論文「数学教育における文化的価値に関する研究」に補筆・修正を加えたものである。本研究は，わが国における西洋数学受容の過程及びその様態を明らかにすることを目的としている。このことは，単に数学史の問題としてではなく，数学教育史の課題，そして数学教育の研究主題として位置付けることができる。

　本書『日本数学教育の形成』は，第1章から第6章の6つの章からなり，各章を概括すると次のようになる。

　第1章において，本研究の課題意識と目的意識を明確にし，論点を3つの研究課題に絞っていく。

　第2章において，数学の文化的基盤を前提に，数学の多世界性・歴史展開とそれらの相互連関を問題にする。なぜなら，第3章・第4章で問題にする日本の数学教育はその光の下で独自の様相を明らかにすると考えたからである。

　第3章では，西欧で発展した数学を世界の数学的展開の中で相対化することによって，「受容」という角度から「近代日本の数学教育の原点」を明確にする。

　第4章では，「日本の数学教育が形をなす時代」について新たに考証を加え，わが国における西洋数学受容の過程及びその実態を明らかにしていく。

　第5章では，そこまでに得られた知見を基に，「数学教育における文化的価値」の視点から中等教育を中心とする数学教育内容を批判的に考察している。

　第6章では，「数学教育における文化的価値」を基本的理念として考察し，本研究のまとめを行い，今後に残された課題を明らかにする。

　本書は，大きく言えば，「数学」と「教育」と「文化」を結びつけようとしたものである。「数学とは」，「数学を学ぶとは」という問いを考えようとする方には勿論，「教育とは」や「文化とは」という問いを考えようとする方にも，是非とも読んでいただきたいと考えている。学位論文という性格上，硬い表現や専門用語はあるが，気にせず読み進めていただき，本書の本質的に迫ろうとしたところを汲み取っていただければ幸いである。

まえがき

　平成20年3月（小学校・中学校）・平成21年3月（高等学校）に学習指導要領が公示され，本年度（平成24年度）には，小学校，中学校及び高等学校において，その学習指導要領が完全実施されている。今回の学習指導要領改訂においては，小学校，中学校及び高等学校で一貫して，目標の冒頭に「算数的活動を通して……」・「数学的活動を通して……」が位置付けられ，その充実が一層強調されている。このような時機に，学校数学の基盤を明らかにし，数学教育の今日的課題に本質的に迫ろうとした本書を世に問うことで，わが国の算数・数学教育の発展に少しでも寄与できれば，また，「数学とは」，「教育とは」，「文化とは」を考えようとする多くの方々の思索の一助となることができれば，筆者のこの上ない喜びとするところである。

　平成24年　文化の日

著　者

[目　次]

出版に寄せて ……………………広島大学大学院教育学研究科教授　岩崎秀樹… i
まえがき ……………………………………………………………………………… iii

第1章　研究の目的と方法
第1節　研究の目的 …………………………………………………… 3
1．本研究のはじめに　3
2．研究の目的と研究課題の設定　6
第2節　先行研究と本研究の意義 …………………………………… 7
第3節　研究の方法 …………………………………………………… 8

第2章　文化的視座からみる数学の多世界性と歴史展開
第1節　世界の数学史の全体構造 …………………………………… 13
第2節　世界の数学の展開系列 ……………………………………… 17
第3節　文化性に着目した世界の数学，その歴史展開の概観　　 19

第3章　近代日本の数学教育の原点への遡及
第1節　和算の特質と西洋数学の受容 ……………………………… 23
1．和算の概要　24
2．和算の特質と西洋数学の特質　25
3．和算と西洋数学の受容状況　27
4．学校数学に残されなかった和算　28
5．和算における帰納的方法　28
6．本節のまとめ　29
第2節　幕末における西洋数学の導入 ……………………………… 32
1．柳河春三（1857）『洋算用法』　32
2．長崎海軍伝習所と西洋数学　34

vii

3．幕末における西洋数学の受容　35
　第3節　明治の初等算術教育における和算と洋算…………… 36
　　　1．本節のはじめに　37
　　　2．「実質としての和算」（珠算）　38
　　　3．「役割としての和算」（洋算の和算化）　42
　　　4．本節のまとめ　48

第4章　日本の数学教育が形をなす時代の「受容」
　第1節　日本の数学教育が形をなす時代における
　　　　　西洋数学の「輸入」と「受容」…………………… 51
　　　1．本章のはじめに　51
　　　2．日本の数学教育が形をなす時代の様態概要　52
　　　3．長崎海軍伝習所にみる西洋数学伝習の様態　53
　　　4．幕末における西洋数学輸入の道　54
　　　5．明治初期における西洋数学導入の様態　58
　第2節　算術・初等代数学の「受容」………………………… 64
　　　1．明治中期における初等代数学の受容様態　65
　　　2．日本の数学教育が形をなす時代の「算術」と「代数」　70
　　　3．本節のまとめ　75
　第3節　三角法・対数の「受容」……………………………… 78
　　　1．「三角法」の発生と展開　79
　　　2．「対数」の発生と展開　79
　　　3．和算における「三角法」　80
　　　4．和算における「対数」　82
　　　5．「幾何」の受容　84
　　　6．「対数」を含む「三角法」の受容　86
　　　7．西洋数学の「輸入」から「対数」を含む「三角法」の「受容」
　　　　　に至る過程概要　92

第5章 文化的価値からみた中等教育を中心とする数学教育内容の批判的考察

第1節 高校数学の基盤をなす代数表現とその文化性からの考察 …………………………………………… 95
1. 本節のはじめに　95
2. 高校数学の基盤をなす代数表現の歴史的背景　96
3. 西洋における代数の展開　97
4. 中国，日本における代数　103
5. 日本における洋算の受容　105
6. 代数表現の展開　106

第2節 算術・代数学分野の「受容」と現行の学校数学 …… 110
1. 日本の数学教育が形をなす時代の「算術」と「代数」とその後　110
2. 板垣（1985）「形式不易の原理」考　112
3. 日本の数学教育の初等代数的基盤　128
4. 西洋数学受容による数量概念の変容　156
5. 比と比例の指導に関する歴史的考察　191

第3節 解析基礎分野の「受容」と現行の学校数学 ………… 202
1. ユークリッド幾何学の受容　203
2. 「幾何学の受容」のその後　205
3. 明治の「初等数学」と幾何分野，その後の解析基礎分野の状況　207
4. 「三角法」「対数」に関わる現行の高校数学教育内容　209
5. 本節のおわりに　211

第6章 研究のまとめと今後の課題

第1節 研究のまとめ …………………………………………… 213
第2節 学校数学の将来的展望の俯瞰 ………………………… 220
1. 初等教育における算数　220

　　　　2．算数と数学の接続　221
　　　　3．中等教育における数学　222
　　　　4．学校数学の将来的展望の俯瞰　226
　　第3節　今後の課題 …………………………………………… 227

引用・参考文献 ……………………………………………………… 229
あとがき ……………………………………………………………… 235
索引 …………………………………………………………………… 241

日本数学教育の形成

第1章　研究の目的と方法

第1節　研究の目的

要　約

　本研究は，わが国における西洋数学受容の過程及びその様態を明らかにしようとするものである。このことは，単に数学史の問題としてではなく，数学教育史の課題，そして数学教育の研究主題として位置付けることができる。

　本研究の論点を次の3点の研究課題に絞った。
(1) 文化的視座から，現在の学校数学につながる源流・潮流を，数学の多世界性・数学の歴史展開として概観する。
(2) 様々な角度から，「近代日本の数学教育の原点」に遡及し，数学教育が形をなす時代を，文化史的な視座から考察する。
(3) 学校数学に通底する基盤を歴史的・文化的に明らかにし，その視座から学校数学の将来的展望を俯瞰する。

1．本研究のはじめに

　わが国では，「学力低下」・「理数離れ」・「数学教育の危機」などが社会問題となって久しい。しかしその実態は，認知的学力低下にあるのではなく，むしろ情意的学力低下にあるといえよう。したがって，情意的学力低下の背景基盤の究明こそ，認知的学力低下の臨床的対応にもまして，重要であると考える。

　2006年に経済協力開発機構（OECD）によって実施された「生徒の学習到

達度調査」(PISA)の15歳児の数学的リテラシーに関する国際調査結果では，科学（理数）の有用性を認めたり関心を持ったりするわが国の生徒の割合は，OECD加盟国平均を大きく下回った。また，平成17 (2005) 年度高等学校教育課程実施状況調査の生徒質問紙の結果をみると，「数学が好きだ」，「数学の勉強が大切だ」に対して肯定的な回答をした生徒は，それぞれ38.9％，59.0％であり，数学は勉強しなければならないが好きになれないという，高校生の意識の実態が明らかになる。また，教師の質問紙の結果を見ると，「実生活における様々な事象との関連を図った授業を行っていますか」に対して肯定的な回答をした教師は，29.4％であり，数学教育の意義や必要性を実感させる授業の工夫等を行う意識あるいは余裕のない，高校数学教師の実態も浮かび上がってくる。

　ともすれば高校数学教師の中には，授業を知識・技能の習得の場とだけ捉えていて，問題解決型の授業を全く行わなかったり，知らなかったりする者も少なくないのではないかと思われる。勢い，その授業は，概念の指導と演習の解説に終始し，あたかも大学での数学講義のミニチュア版を彷彿させると言ってもよい。実際，数学教師用指導書の解説には，何を学習するのかという内容と，どのように扱うべきかという方法だけが記述されていて，教材の価値とか本質に触れるものは皆無である。

　これらわが国の高校数学の現状が，数学は既に出来上がった不変不動のものであり，それを習得するのが数学の学習であるという，教師あるいは生徒の「固定的数学観」「固定的数学学習観」を生んでいる。そして，冒頭に述べた情意的学力低下等の問題にもつながっていく，という悪循環が，わが国の数学教育において生じているのではないか。こうした解決策がみい出しえぬ問題こそ，まず，わが国の数学教育基盤の見直しを図る理論的研究が必要である。次に，この理論的研究を踏まえた上で，解決の展望につながる実践的研究が必要となろう。そして，この2つは相互的に進められなければならない。

　　実用上の必要が幾何学やその他の学問の発見される原因になったことは，誠に自然なことであって，それであるからこそ，ここに不完全から完全へという形式の法則が成り立ち，また感覚から合理的判断へ，さら

にそれから純粋な知性へという自然な発展が見出されるのである（中村，1978，p.57）

　これは，5世紀に書かれたプロクロスの『原論第1巻の註釈』の一部である。そこには数学ですら実用的な必要性から発生したことが記されているばかりでなく，「感覚から合理的判断へ，さらにそれから純粋な知性へ」という教育的示唆も含まれている。数学は，社会との関係を持ちながらわれわれを取りまく世界を維持・改善するばかりでなく，われわれをも数学という文化的要素の内部において成長・発展させてきた。こうした数学の機能と展開は，程度こそ違え世界の文明や文化の中で指摘できる。すなわち科学は，世界という空間の中，そして時代という時間の中で，時には広域の広がりを示し，時には小さな流れとなり，それらは絡み合いうねりながら，展開してきた。現在の学校数学は，残念ながらこのダイナミズムを伝えているとは思えない。

　数学は，先人達が自分の文化の中で，問題を自分の問題として捉え，試行錯誤を繰り返しつくり上げ，今も，世界各地，社会の中，教室の中，各個人の中で，そして，各文化の中で，つくられ発展しているものである，という「文化的数学観」「文化的数学学習観」への意識変容を図る方策が必要である。文化としての数学を学ぶことのできる教育内容や教材の見直しがなされなければならない。他教科では得られない数学のよさ・面白み・美しさ・楽しさ・有用性という「数学の本質的な価値」を感得できるような，教育内容の創造と教育方法の工夫という取り組みも大切となる。その取り組みによって，生徒の「数学観」・「数学学習観」が変容し，情意的学力も向上し，学習意欲を育てることができ，生涯数学を学び続ける力にすることができると考える。さらに言えば，「数学教育における文化的価値」の実現を目指す必要があるように思える。

　上記の課題意識に関わる問題点を明確にし，その解決にとって不可欠な「数学教育における文化的価値」を考える基本的理念と，その教育実践形としての数学教育的意味とを探求し，学校数学の基盤を明確にすることを目指したい。このような方向性の下に，本研究を進めていこうと考えた。

2．研究の目的と研究課題の設定

　本研究は，わが国における西洋数学受容の過程及びその様態を明らかにしようとするものである。このことは，単に数学史の問題としてではなく，数学教育史の課題，そして数学教育の研究主題として位置付けることができる。そう考えるのは，次に述べる理由による。

　わが国が近代を臨むに当たり，西洋の科学技術の導入・摂取が喫緊の課題となり，それと共に西洋数学の受容が始まった。その近代化に向かい，幕藩体制を終焉させ，国民国家を建設するため，検討等する間も無く性急に，大急ぎで近代教育システムを移植・創設していったと言ってよい。ただ，ここで注意しなければならないのは，西洋の科学技術の導入・摂取と西洋数学の受容とは，内容的に深く関わっているとはいえ，本質的に異なる様相を示していることである。西洋の科学技術は，それまでの日本には存在していない，全くと言っていいほど新しいものであり，それらを導入・摂取していったのである。それに対し，西洋数学は，和算文化の根差す日本に輸入され，さらに，その文化的地盤に正に「受容」されたものである。したがって，今日の数学教育の起源は，好むと好まざるとに関わらず，西洋数学受容の過程及びその様態にある。同時に，今日の数学教育が胚胎する基本的な問題もここに淵源する，と考えられる。しかし，このことには精緻な検討が必要であることは言うまでもない。数学教育の起源と今日とを結ぶ検討の前に，まず，今日の数学教育の起源であるところの，西洋数学受容の過程及びその様態を明らかにしなければならない，と考えたのである。

　本研究の論点を次の3点の研究課題に絞る。

［研究課題1］　文化的視座から，現在の学校数学につながる源流・潮流を，数学の多世界性・数学の歴史展開として概観する。

［研究課題2］　様々な角度から，「近代日本の数学教育の原点」に遡及し，数学教育が形をなす時代を，文化史的視座から考察する。

［研究課題3］　学校数学に通底する基盤を歴史的・文化的に明らかにし，その視座から学校数学の将来的展望を俯瞰する。

第2節　先行研究と本研究の意義

要　約

本研究に関連する先行研究として次の2つを取り上げた。

塚原久美子（2002）の研究は，数学史の学校教育への活用について述べたものであって，数学教育の意義に関わる基盤に直接関わるものではない。また，佐藤英二（2006）の研究は，数学教育の歴史的展開に関わる研究であり，本研究にも大いに裨益するものではあるが，明治から昭和初期までに限定される歴史研究であり，本研究の注目する数学教育が形をなす時代に言及するものではない。これを踏まえ，本研究の意義を導出した。

本研究に関連する先行研究として，数学史の活用に関する研究である「数学史をどう教えるか」（塚原久美子，2002），及び数学教育の歴史研究である「近代日本の数学教育」（佐藤英二，2006）が挙げられる。

塚原（2002）の研究は，数学史の活用に関する先行研究の調査，活用の原理と方法論の提言，教材開発，授業実践と評価，及び数学史活用の有効性の検証という一貫した研究についてまとめられたものであり，現在の学校数学における数学史の活用についての新しいモデルを提示するものとして位置付けられると考えられる。

佐藤英二（2006）の研究は，数学研究の正統的系譜，数学教育の正統的系譜，研究と教育の周辺的系譜という3つの系譜の自己展開と相互交流の歴史として，1880年から1945年に至る数学教育の展開過程を叙述している。主には，日本の中等教育における数学教育の導入・定着・改造の過程及び構造を論述している。数学教育の展開過程を叙述する歴史研究として位置付けられ，現在への言及は控えられている。

本研究「数学教育における文化的価値に関する研究」は，数学教育の歴史的基盤に関わる研究であり，教育基盤の見直しに不可欠な「数学教育における文化的価値」を考究し，文化的価値に根ざす教育実践を企画・評価する枠組みを開発して，学校数学の基盤を明確にしようとするものである。そのた

めに「2．研究の目的と研究課題の設定」(p.6)で述べた3つの研究課題の解決が必要となり，その解決が，生徒の「数学観」・「数学学習観」を変容させ，情意的学力も向上させ，学習意欲を育てることにつながるものと考える。

　塚原（2002）の研究は，数学史の学校教育への活用について述べたものであって，数学教育の意義に関わる基盤に直接関わるものではない。また，佐藤英二（2006）の研究は，数学教育の歴史的展開に関わる研究であり，本研究にも大いに裨益するものではあるが，明治から昭和初期までに限定される歴史研究であり，本研究の注目する数学教育が形をなす時代に言及するものではない。したがって，文化性に着目し，現在の学校数学につながる源流を数学の発達的展開として概観し，様々な角度から，「近代日本の数学教育の原点」に遡及し，数学教育が形をなす時代を，文化史的な視座から考察し，さらに，学校数学に通底する基盤を歴史的・文化的に明らかにし，その視座から学校数学の将来的展望を俯瞰することを目指すという，本研究の意義がここに生じるものと考える。

第3節　研究の方法

要　約

　論文の構成を次のように考え，研究を進めた。

　まず，第1章において，本研究の課題意識と目的意識を明確にし，論点を絞っていく。次に，第2章において，数学の文化的基盤を前提に，数学的展開の多世界性とそれらの相互連関を問題にする。第3章では，西欧で発展した数学を世界の数学的展開の中で相対化することによって，日本に受容された数学を論じる。第4章では，さらに関係する「日本の数学教育が形をなす時代」の新たな考証を加える。第5章では，ここまでに得られた知見を基に，「数学教育における文化的価値」の視点から中等教育を中心とする数学教育内容を批判的に考察する。さらに第6章では，「数学教育における文化的価値」を基本的理念として考察し，本研究のまとめを行い，今後の課題を明らかにする。

論文の構成を次のように考え，研究を進めた。

第1章において，本研究の課題意識と目的意識を明確にし，論点を第1節で挙げた3つの研究課題に絞っていく。

次に，第2章において，数学の文化的基盤を前提に，数学の多世界性・歴史展開とそれらの相互連関を問題にする。なぜなら，第3章・第4章で問題にする日本の数学教育はその光の下で独自の様相を明らかにすると考えたからである。

第3章では，西欧で発展した数学を世界の数学の歴史展開の中で相対化することによって，「受容」という角度から「近代日本の数学教育の原点」を明確にする。

第4章では，「日本の数学教育が形をなす時代」について新たな考証を加え，わが国における西洋数学受容の過程及びその実態を明らかにしていく。

第5章では，ここまでに得られた知見を基に，「数学教育における文化的価値」の視点から中等教育を中心とする数学教育内容を批判的に考察する。

第6章では，「数学教育における文化的価値」を基本的理念として考察し，学校教育において実践する際の数学教育的意味を明確にしていき，学校数学教育の改善の可能性と展望を考察するなどの，「数学教育における文化的価値に関する研究」のまとめを行い，今後の課題を明らかにする。

本書の章節の構成を次のように設定した。

第1章　研究の目的と方法
　　第1節　研究の目的
　　第2節　先行研究と本研究の意義
　　第3節　研究の方法
第2章　文化的視座からみる数学の多世界性と歴史展開
　　第1節　世界の数学史の全体構造
　　第2節　世界の数学の展開系列
　　第3節　文化性に着目した世界の数学，その歴史展開の概観
第3章　近代日本の数学教育の原点への遡及

第1節　和算の特質と西洋数学の受容
　　第2節　幕末における西洋数学の導入
　　第3節　明治の算術教育における和算と洋算
　第4章　日本の数学教育が形をなす時代の「受容」
　　第1節　日本の数学教育が形をなす時代における西洋数学の「輸入」と「受容」
　　第2節　算術・初等代数学の「受容」
　　第3節　三角法・対数の「受容」
　第5章　文化的価値からみた中等教育を中心とする数学教育内容の批判的考察
　　第1節　高校数学の基盤をなす代数表現とその文化性からの考察
　　第2節　算術・代数学分野の「受容」と現行の学校数学
　　第3節　解析基礎分野の「受容」と現行の学校数学
　第6章　研究のまとめと今後の課題
　　第1節　研究のまとめ
　　第2節　学校数学の将来的展望の俯瞰
　　第3節　今後の課題

　各章の関係を図示すると，次の図1のようになる。

　本書の構成からみて，「第2章　文化的視座からみる数学の多世界性と歴史展開」は，一見すると，対象とする所が余りに広漠であり，捉え所がなく浮いているのではないか，という感を免れないかもしれない。しかし，その後の第3章・第4章で問題にする日本の数学教育は，第2章で捉えた光の下で独自の様相を明らかにすることになる。さらに，第5章で考察する数学教育内容には，第2章で捉えた光が深く関わっていく。これらのことを考慮した上で，第2章を，他の章の中に節として含めるのではなく，第1章に続く一つの重要な章として，本書に位置付けている。

第 1 章 研究の目的と方法

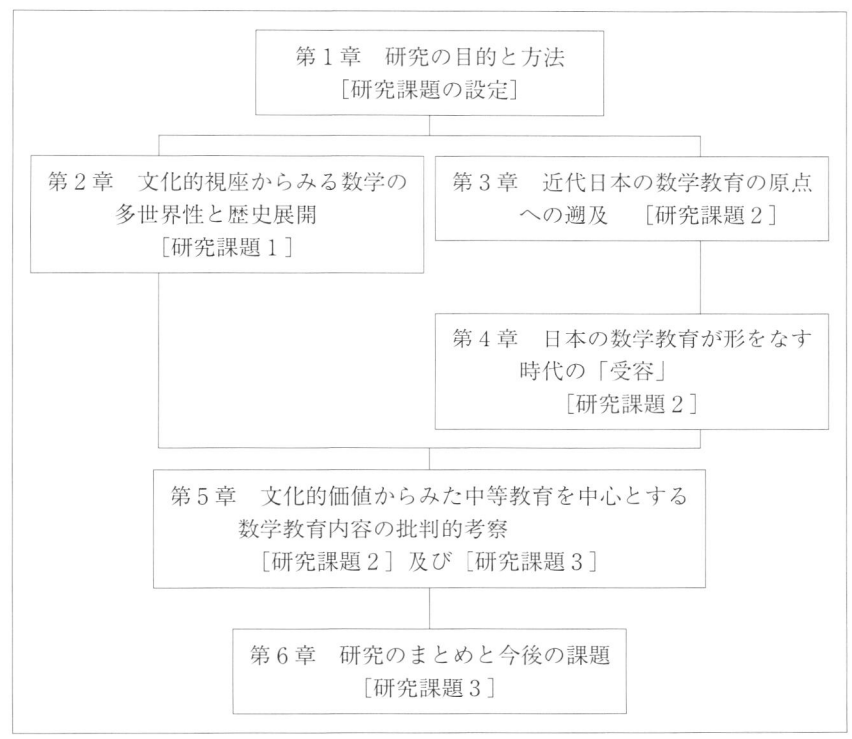

図 1：**本書の構成**

第2章 文化的視座からみる数学の多世界性と歴史展開

第1節　世界の数学史の全体構造

要　約

　伊東俊太郎（1987）によると，数学は文化圏ごとにそれぞれ独特な性格をもち，文化の特質を反映した異なる数学の種として，これまで世界には11種の数学が存在している。これらの数学においては，ある時期にある文化圏の数学が，他の文化圏の数学に影響を及ぼし，他の文化圏の数学をつくり出したこともある。そして，影響を受けながら，その影響を自らの文化的地盤において消化し，独自な数学をそれぞれ形成していった。この11種の数学はさらに次の5つの基本類型に分類できる。
　① 操作的・技能的数学　② 証明的・形相的数学　③ 操作的・証明的数学
　④ 記号的・機能的数学　⑤ 公理的・構造的数学

　プロクロスの引用（中村，1978，p.57）にもあるように，数学は実用的な必要性から発生し，その学的な展開は社会との関係を持ちながら文化の中で進展し，さらにそれ自身文化的要素として結晶し，社会の文化的基盤の中に繰り込まれていく。そういう「文化システム」における数学の意味や価値，役割や機能，方法は，それぞれの地域世界で異なっており，このことが同時にそこで扱われる数学の内容をも大きく規定している。伊東俊太郎（1987）によると，数学は文化圏ごとにそれぞれ独特な性格をもっている。文化の特質を反映した異なる数学の種として，バビロニア，エジプト，ギリシア，ローマ，インド，中国，アラビア，西欧，日本，マヤの数学および現代数学

の11を挙げることができる，としている．すなわち，これまで世界には11種の数学が存在している．これらの数学においては，ある時期にある文化圏の数学が，他の文化圏の数学に影響を及ぼす．他の文化圏の数学をつくり出したこともある．そして，影響を受けながら，その影響を自らの文化的地盤において消化し，独自な数学をそれぞれ形成していった．伊東（1987）によれば，この11種の数学はさらに次の5つの基本類型に分類できる．

① 操作的・技能的数学〈バビロニア，エジプト，ローマ，インド（一部），中国，日本，マヤの数学〉

　何よりもまず操作演算や技能を中心的課題としている．当初，政治や宗教，商工業と密接に結びついており，生活の営為に役立つことはあっても，（天文学・暦学は別として）自然科学一般と結びつくことや，（ギリシア数学のような）存在論的意味を担うことはない．図形の扱いも，幾何学的図形そのものが対象ではなく，それについての数値計算こそが主題であり，図形についての面積や体積の計算の仕方，そのアルゴリズムが求められている．演算の仕方，その技能が問題であり，（ギリシア数学のように）図形そのものが対象となることはなく，証明ということも殆ど問題とならなかった．数学の全てが操作的・技能的性格を持っているといってよい．

② 証明的・形相的数学〈ギリシア数学〉

　典型的に，ギリシア数学に淵源するものである．第一に，「証明」を数学の基本に据えている．第二に，有限な「形相」を重視している．第一の論証的・証明的性格は，ギリシア数学に特有のものである．当初の証明は図形的に指示するものであったが，次第に定義・公理・公準等を基礎とし，徐々に論理的・演繹的に証明されるものへと発展し，ユークリッド『原論』に示されるような厳密な演繹体系に結実した．先述した操作的・技能的数学では，演算的操作が問題であって，証明こそ数学であるという観念はなかった．数学すなわち証明という観念は，ギリシアの社会的構造（ポリス的構造）から生まれたものである．このギリシア特有の社会的文脈において成立した数学の証明的性格は，その後中世ラテン世界に受け継がれ，やがて近代西洋数学の中にも受け継がれ，その

普遍化に伴い，現代数学にも大きな影響を持ち，数学の基本的性格の一つを形成した，といえよう。第二の形相的性格は，演算的な数学とは異なり，幾何学的な形態（有限な形相）を研究の主題とするものである。オリエントの数学は，幾何学的問題でさえ算術的・代数的に扱ったが，ギリシア数学では逆に，算術的・代数的問題でさえ，幾何学的に取り扱った，といってよい。ピタゴラス以来，数は，それが形作る図形とともに考えられていた。このようなギリシアの有限的な形相重視の思想は一方で，ギリシア人の世界観にも大いに関係し，形相的限界を超えるような捉えがたい無限を拒否し，無限が生じる過程を巧妙に回避する数学をつくり上げることになった。

③ 操作的・証明的数学〈アラビア数学〉

　①と②の混合型であり，アラビア数学がこの典型である。オリエントやインドの操作的数学の伝統を引くと同時に，ギリシアの証明的数学の影響を受け取った。ユークリッド『原論』のようなギリシアの論証的幾何学も，アラビア世界に積極的に取り入れられ，さらに研究され発展させられ，この方面の「註釈」も数多く世に出された。同時にオリエントの数学の伝統を取り入れて代数的・操作的な側面も発達させた。アル＝フワーリズミーに発するアラビア代数学がこれに当たる。これは，バビロニアやインドと同様，数学の問題を代数学的に解くのであるが，同時に図形による幾何学的「証明」を伴っている。

④ 記号的・機能的数学〈近代ヨーロッパ数学〉

　近代ヨーロッパ数学は，ギリシアの証明的数学の伝統を受け継ぎ，他方ではアラビアの操作的代数学の遺産も受け入れたが，ギリシアともアラビアとも異なる著しい特徴を有している。第一の特徴は，「記号的」という性格であり，記号を汎通的に用いるということである。普遍的記号法の確立に起因するものであり，近代ヨーロッパ数学を支える大きな柱になった。第二の特徴は，「機能的」という性質である。機能的というのは，変化そのものを研究対象とする動的な態度であると同時に，関数の概念を中核とする変量の数学を意味する。この現実の自然科学の探求と直接に結びついた動的数学は，近代ヨーロッパ数学の大きな特質であるといえる。

⑤ 公理的・構造的数学〈「現代数学」〉
　　現代世界において普遍的に行われている現代数学である。カントルによる「集合論」が出発点である。無限大そのものが数学的に考察され，無限の要素を持つ種々の集合の比較が可能となり，それらが数学的存在として対象化される。その後，無限集合を基盤として数学は展開する。ヒルベルトの「公理主義」やブルバキ的な「構造主義」により，数学を構築していく傾向がドミナントである「現代数学」の普遍的タイプを形成している。

（⑤の「現代数学」は，正確には主に20世紀前半の数学を示すものである。）
　数学の多世界性と5つのパラダイムの相互連関は次の図2のように図示される。（「ヨーロッパ」と「日本」の間に右向きの矢印を入れれば，幕末において西洋数学を受容した日本の数学の特質と骨格も明らかにできよう。）

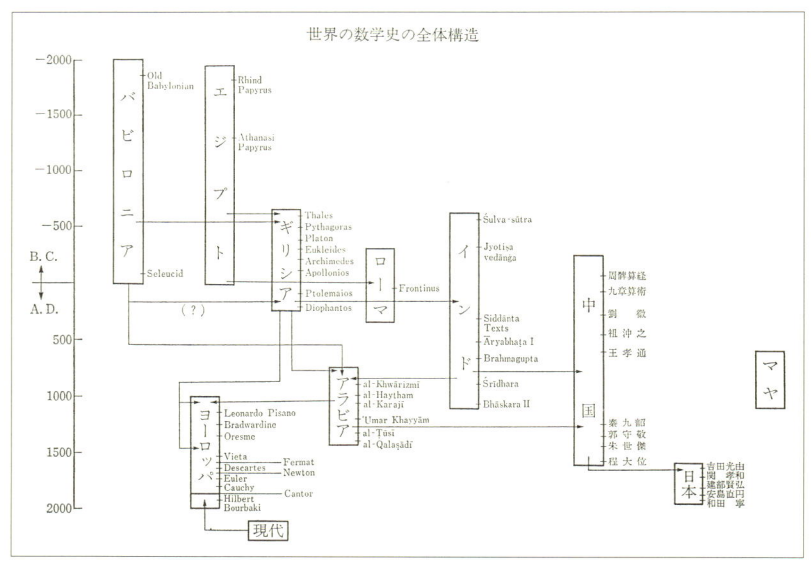

図2：「世界の数学史の全体構造」（伊東，1987，p.10）

第2節　世界の数学の展開系列

要　約

「世界の数学史の全体構造」のエジプト・バビロニアから現代に至る大きな流れの様相は大きく3つの基本系列に分類できる。分立主義的傾向の強い［系列A］，個々の領域の有機的結合に重きを置く［系列B］と形式主義的傾向を強く持つ［系列C］である。

これらは，世界の数学の歴史展開の全体的流れの中で，あるいは各文化圏の数学の内部で，その何れかが時に強まり，またある時は他が強まるというような変化が認められる。数学の歴史展開の流れの主として前半では［系列A］と［系列B］が交互的に作用しあっている。数学の歴史展開の流れの主として後半では，［系列C］が高度の数学的展開の基盤となり，これを基盤としあるいは媒介として［系列A］と［系列B］が交互的に作用しあっている。

「世界の数学史の全体構造」（図2）の主に左側のエジプト・バビロニアから現代に至る大きな流れの中で，その歴史展開の流れの様相の傾向をみると，その流れの様相は大きく3つの基本系列に分類できることがわかる（F. クライン，1924）。分立主義的傾向の強い［系列A］，個々の領域の有機的結合に重きを置く［系列B］と形式主義的傾向を強く持つ［系列C］である。このような系列を考えた背景には，当時のF. クラインの次のような根本の考えがあったようである。数学における算術・代数的な事柄と幾何学的な事柄という2つの系統を，幾何学的な形式による関数概念を中心にして総合的に扱おうという，当時の数学教育の改造に向けての根本の考えである。

これら3系列を流れ図にすると，概略次の図3のようになる。

これらは，数学の歴史展開の全体的流れの中で，あるいは各文化圏の数学の内部で，その何れかが時に強まり，またある時は他が強まるというような変化が認められる。数学の歴史展開の流れの主に前半では［系列A］と［系列B］が交互的に作用しあっている。数学の歴史展開の流れの主に後半で

は，［系列C］が高度の数学的展開の基盤となり，これを基盤としあるいは媒介として［系列A］と［系列B］が交互的に作用しあっている。

一方，世界の数学史の全体構造図（図2）の右側，中国から日本という流れは，エジプト・バビロニアから現代に至る大きな流れからは全く外れているとは言えないまでも，多分に距離を置き隔絶されたものであったと言えよう。日本の数学は中国の数学を土台としたものであり，中国の数学，日本の数学はともに，基本類型①の操作的・技能的数学に当たる。中国の数学は代数の発達が特色であり，日本の数学もその影響を受けて，代数学及びその系統を引いた円理（本文p.109を参照）が発達した。日本の数学は，幾何学的な事項も概して代数的に取り扱っている。他方，和算書には幾何学的な図形が多数取り上げられており，算額（本文p.25を参照）にも図形に関係した問題が多く取り扱われている。しかし幾何学らしいものは発展せず，証明という考えも曖昧なものであった。和算は，その意味で一種固有の幾何的進展を示していると言える。いずれにしても，中国から日本という流れは，個々の領域の有機的結合に重きを置くものではなく，分立主義的傾向の強いものと考えられる。したがって，その流れは，エジプト・バビロニアから現代に至る大きな流れから離れたところで流れた［系列A］傾向の強いものであると言えよう。

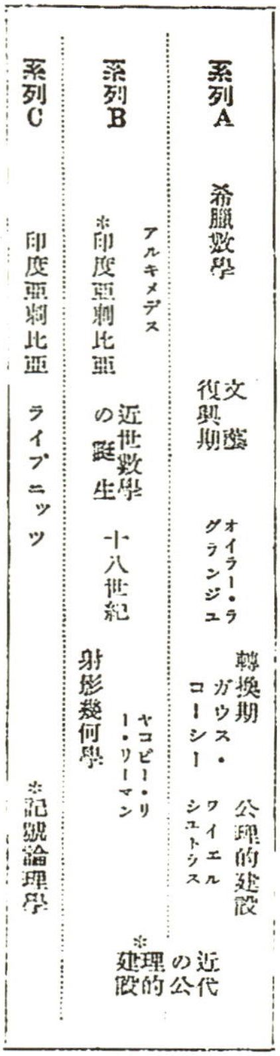

図3：数学の歴史展開の3系列
（稲葉，1931，p.16）

第3節　文化性に着目した世界の数学，その歴史展開の概観

要　約

　次のように，文化性に着目し，世界の数学の歴史展開を概観した。
　数学は，数学的知識・表現・考え方等を対象とする人間の働きかけ・捉え方であり，その活動による文化的所産である。そして，数学内外の文化的要素には影響力のある関係性が存在する。その関係性の中で，世界に存在した（している）数学という横糸と，それぞれの特色を持ち発達した数学という縦糸が有機的に絡み合い，それが数学を一種の有機的全体にしている。
　以上のように考えることにより，世界の数学の歴史展開については，次のような捉え方をするに至った。
(1)　数学は文明の数だけ誕生した。
(2)　数学の展開の仕方には複数の系列がある。
(3)　現在も各文化の中で，考え方のレベルで数学はつくられ発展している。

　数学は，数学的知識・表現・考え方等を対象とする人間の働きかけ・捉え方であり，その活動による文化的所産である。そして，数学内外の文化的要素には影響力のある関係性が存在する。その関係性の中で，世界に存在した（している）数学（伊東（1987）の五つの基本類型）という横糸と，それぞれの特色を持ち発展した数学（F．クライン（1924）の3系列）という縦糸が有機的に絡み合い，それが数学を一種の有機的全体にしていると，考えられる。
　以上のように考えれば，世界の数学の歴史展開について次のことが言えよう。

(1)　数学 mathematics はその英語表記のように一つではなく，文明の数だけ存在する。それは文明を支える集団の「考え方」の結晶作用の結果であって，だからこそその「考え方」の基盤に組み込まれ，さらにまた新たな「考え方」が醸成される。この循環が成立するとき，数学は文明の数だけ

19

誕生することになる。
(2) したがって数学の展開の仕方には複数の系列がある。「考え方」を規定する文脈という特殊と，「考え方」が脱文脈に向かおうとする汎化との相克の下で，数学は分裂し，時に共存し，あるいは混じり合いながら展開してきた。
(3) そのため現在も各文化の中で，考え方のレベルで数学はつくられ発展している。（現代の数学は世界的に共有される規模のものになっており，嘗ての文明間にあったような差異は見られない。ここでは，数学を，現代の世界各地，社会の中，教室の中，各個人の中という多様広範囲なところで考えているので，「文明」ではなく，「文化」を使っている。）

世界に存在した（している）数学（伊東（1987）の五つの基本類型）を横糸とし，それぞれの色を持ち発展した数学（F.クライン（1924）の3系列）を縦糸として，数学の歴史展開を捉え，現今の数学の発展の方向性と今日の学校数学との関係性を考察してきた。（ここでは，数学の歴史展開を時空広表において捉えるときの，空間的要素が強い見方を「横糸」に，時間的要素が強い見方を「縦糸」に例えた。）とりわけこの視点をわが国の数学教育の歴史的な展開に適用するとき，以下の問題点を指摘できる（伊達，2006b）。

(1) 近代日本の数学教育の原点をみるとき，日本の数学を捨て，西洋の数学を選択した精緻な検討が十分になされているとはいえない。
(2) そのため数学教育の展開を，その文化性に着目して有機的全体として捉える姿勢に希薄である。
(3) その結果，今日の学力低下論などは，皮相な社会現象を求めることに性急で，その解決策は「昔の方がよかった」や「基礎・基本の重視」といった，ほとんど策ともいえない提言が並んでいるだけである。
(4) こうした解決策がみい出しえぬ問題こそ，日本が西洋数学を受容した地点にまで遡及して，考える必要はないか。

(1)の問題点にある近代日本の数学教育の原点は，次の3．で述べるような，明治維新における西洋数学の受容（和算の排斥）である。どのような経

緯でそのような選択に至ったのか，その選択が西洋数学，和算それぞれの「考え方」の基盤を検討してのものであったのか，またその選択により何を得，何を失ったのか，などについて，本稿において確認していきたい。

(2)と(3)の問題点に関しては，次のように考えている（伊達，2006a）。学校（特に高校）数学の授業や学習指導案の殆どは，教師が問題場面を提示し，生徒はその問題を解決するように求められるというものである。ともすれば，授業を知識・技能の習得の場とだけに捉えられ，問題解決型の授業が全く行われなかったりもする。教科書の指導書の記述を見ても，何を学習するかという内容とどのように扱うべきかという方法だけが記述されていて，教材の価値とか本質といった観点が見えてこない。このことが，生徒や教師の「固定的数学観」「固定的数学学習観」等を生んでいるのではないか。今わが国で「学力低下」・「理数離れ」・「数学教育の危機」などが社会問題となっている。特に情意面での学力の低下が深刻である。こういう状況と問題の背景或いは根底には，数学は既に出来上がった不変不動のものであり，それを習得するのが数学の学習であるという，生徒のあるいは教師の「固定的数学観」「固定的数学学習観」があると考えられる。数学は，先人達が自分の文化の中で試行錯誤を繰り返しつくり上げ，今も，世界各地，社会の中，教室の中，各個人の中で，そして，各文化の中で，つくられ発展しているものである，という「文化的数学観」「文化的数学学習観」への意識変容を図ることが是非とも必要である。

数学教育においては，まず，数学の歴史展開全体をその文化性に着目し捉えるという捉え方を，数学教育の展開全体（カリキュラム編成や授業構成）に反映させていくことにより，教材の価値や本質，そして数学を学ぶことの意義を明確にしていかなければならない。(2)と(3)の問題点については，文化性に着目した数学観を数学教育の展開へ反映するための具体的な取り組みが課題となろう。（このことはこれからの研究において早急に是非とも取り組みたい課題の一つである。）

次の章では，和算の特質と明治維新における西洋数学の受容状況を明らかにすることにより，特に(1)の問題点についての確認と(4)の問題点についての考察を行い，今後わが国の数学教育の課題（方向性）を探っていきたい。

21

第3章　近代日本の数学教育の原点への遡及

第1節　和算の特質と西洋数学の受容

要　約

　第3章からは，西欧で発展した数学を世界の数学的展開の中で相対化することによって，日本に導入された数学から和算は洋算化され，同時に洋算は和算化されていくことを論じていきたい。

　まず，第2章で述べたような，世界の数学の歴史展開を有機的全体として捉えるという視点をわが国の数学教育の歴史的な展開に適用することによって，以下の問題点を指摘した。

(1)　近代日本の数学教育の原点において和算を捨て西洋数学を選択したことに対する精緻な検討の重要性。
(2)　日本における数学教育の歴史的な展開を，その文化性に着目して見直す必要性。
(3)　数学教育の今日的課題を歴史的に遡及する可能性。

　近代日本の数学教育の原点は，明治維新における西洋数学の受容であり同時に和算の排斥であるが，どのような経緯でそのような選択に至ったのか，またその選択により何を得，何を失ったのか，などについて，確認していった。その結果，至った認識について述べた。

　第2章で述べたような，数学の歴史展開を有機的全体として捉えるという視点をわが国の数学教育の歴史的な展開に適用することによって，以下の問題点を指摘できる（伊達，2006b）。

⑴　近代日本の数学教育の原点において和算を捨て西洋数学を選択したことに対する精緻な検討がなされていないこと。
⑵　日本における数学教育の歴史的な展開を，その文化性に着目して見直す必要性があること。
⑶　数学教育の今日的課題を歴史的に遡及する可能性を追求すること。

　近代日本の数学教育の原点は，明治維新における西洋数学の受容であり同時に和算の排斥であるが，どのような経緯でそのような選択に至ったのか，またその選択により何を得，何を失ったのか，などについて，確認していきたい。

　第2章で捉えた文化性に着目した数学の歴史展開の概観からみると，わが国現在の学校数学は，そこで示した図2（p.16）におけるギリシア・ヨーロッパ数学，それにつながる現代数学であり，正に西洋数学を主とするものであると言える。わが国には，現在の学校数学が西洋数学を主とするものになる以前から，西洋数学とは異なる数学文化である和算があった。和算は，13世紀末頃中国から導入された数学を消化し，16世紀頃から起こり，日本独自の発展を遂げて成立した。その後に，江戸時代までのわずかの間に大きな発達を遂げた（小倉金之助，1940）。

　和算は中国の数学を源にするものであり，西洋数学はギリシア数学を源にするものである。また，和算は，エジプト・バビロニアから現代に至る大きな流れから離れたところで発達した。このように和算と西洋数学はその起源を異にし，したがって基本類型も系列も異なる。

　問題点⑴「近代日本の数学教育の原点をみるとき，日本の数学を捨て，西洋の数学を選択した精緻な検討が十分になされているとはいえない」に迫るため，まず，和算の概要及び和算の特質と西洋数学の特質を次に述べる。

1．和算の概要

　和算は大きく次の二つに分類できる（川尻信夫，1997）。
① 広義の和算（そろばんを使っての日常計算を中心とする全ての計算術）
② 狭義の和算（関孝和の登場を大きな契機とする日本式高等数学）
　また，和算には大きく次の3つの特色がある（佐藤健一，2006）。
① 遺題継承（答のない問題を載せて，その解答を読者に委ねるというもの。

継承の過程で次第に難化した。)
　②　遊歴算家（実力ある数学者が，旅をしながら数学を教えた。全国に新しい理論が伝播された。）
　③　算額奉納（解けた難問を神仏に奉納して感謝した。数学の問題が多くの人々の目に触れることになった。）
　和算には，生活するために必要な数学から，学究的な理論数学，楽しむための遊戯的数学まであり，数学書も多く刊行されていた。和算は，日本の地で広く普及し発展していた数学文化である。

2．和算の特質と西洋数学の特質

　和算は，当初商工業の発達に応ずる実用的な計算が中心であったが，関孝和以後は単なる実用を超えた一つの「芸」にまで高められた。そこでも帰納的・直観的に計算を巧みに行う技能が重要であって論理的・演繹的な推論を展開するものではなかった。和算は，基本類型①操作的・技能的数学である。この操作的・技能的数学は，その目指すものが操作的演算や技能であるから，ギリシア数学のような存在論的意味を問うことはないし，西洋数学のように自然科学一般と結びつくこともない。

　西洋数学の特質について，伊東（1987）が言及している。その関連部分の要約を次に述べる。

　私達が今日，数学すなわち証明という観念をもっているとすれば，それはギリシアという一文化圏で起こった特殊な概念が，その後中世ラテン世界に受け継がれ，やがて西欧近代数学の基本概念となり，それを私達もまた受け入れたということに他ならない。

　世界中の数学を広く見渡すとき，証明のない数学はいくらでもあるし，むしろこちらの方が普通だったと言える。ギリシアで起こったことは，一つの特殊で，しかし重要な意味をもつ事件であった。

　この事件がギリシアにおいてのみ起こった理由は，ギリシアの社会的構造すなわちポリス的構造にあると考えられる。すなわち，ポリスにおける「イソノミアー」（権利の平等）によって，誰もがものごとの根拠，理由，その「何故」を問うことができるようになった。それに答えることから，さらに新たな問いが生み出され，こうしてそこに「問答」の連鎖が生じ，数学にお

いてもついには公理や公準のような究極的原理が明らかにされるという事態が起こった。

こうした特殊ギリシア的文脈において成立した数学の証明的性格は，その後近代西欧数学の中にも受け継がれ，その普遍化に伴い，後世に大きな影響を持ち，数学の基本的性格の一つをつくることになった。

ギリシア数学の特質に，もう一つ，有限な「形相」を重視するということがある。幾何学的な形態を研究の主題とし幾何学の成立を生み，算術や代数ですら，幾何学的に取り扱われた。

ギリシア思想の有限的な形相重視の思想は，彼らの世界観とも大いに関連し，それがまた一定の形相的な限界をどこまでも超え出ていく積極的な無限を拒否し，その過程を巧妙に回避する数学をつくり上げることになった。

以上が伊東（1987）の要約である。これは西洋数学の特質の一端（西洋数学の源であるギリシア数学の演繹的証明に関するもの）に過ぎないかもしれないが，西洋数学の特質の本質的なものの一つと考えられる。ここでは，西洋数学の発達には，論証精神を含む哲学という精神基盤があったことに注目したい。

上で述べたことに関連したところで，三上義夫（1999）が和算の特質について言及している記述がある。次に引用する。

　　日本は元来論理学の発達しなかった国で，言語も思想も至って論理的でない。従って数学においても証明という考えは発達せず，推理上取り扱い上の欠陥も少なくないが，一つの問題に出会うときは，またこれに類似したものを考え，一つの方法でできなければ，他の方法に訴えるという風で，問題を解くことに，はなはだ苦心したことでもあり，帰納的の取り扱いをしたことが極めて多いのであって，これが和算上に一面の特色を与えているが，また後になって実験学科の伝わるに及んで，よくこれを理解し開拓すべき能力はこの態度の上にすでに現れていたかとも思われる。和算家がこんな態度を取ったことは，よく支那から伝わった数学を改造し，そうして徐々に改良を加えつつ，次第に理論化するに至った。日本には独特の哲学がなく，外来の哲学によりてこれを改造同化し，よく実地に運用したものであるが，こんなことでは深刻な思想は

できない。従って哲学の上にも意義深い観念が発達して急激な進歩を成したようなことはないが，しかし数学においても若干の原則や方法を巧みに運用し，そうしてその原則や方法にも少しずつ改造を施すこともできて，次第に単純となり一般となるの傾向が現れたのであった。（三上，1999，pp.134-135）。

　上の記述は和算の特質の本質的な部分を言い当てている。和算の発達には，西洋数学の精神基盤にあった哲学のようなものはなかったが，帰納的精神あるいは試行追求的精神というものがその精神基盤にあったのではないかと考えられる。（明治維新に西洋数学の受容，和算の排斥という経緯があったが，三上（1999）は，和算の発達が継続していたならさらに優れたものにできたに違いない，という思いを述べている。）
　次に，西洋数学の受容，和算の排斥という経緯について述べる。

3．和算と西洋数学の受容状況

　幕末期，ペリー艦隊の来航を契機に，わが国に西洋数学が導入され始めた。西洋数学が徐々に入ってくる中で，和算家達の反応はどうであったか。狭義の和算家達は西洋数学に対して優越感さえ持っていた。単純な計算には，そろばんは筆算よりはるかに効率的であり，日本式記号代数である「点竄術」から代数を理解するのは容易であったし，また，扱う図形も和算の方がずっと複雑だったからである。ところが，和算家達は，科学技術面での無知を知らされた。すなわち，科学技術と数学の関係では和算に測量術などはあったものの，和算家達は，特に動力学に関係する科学技術と数学とが不可分なものであることを知らなかった。後に日本はこの面で西洋数学を必要とすることになる。また，和算家は「演繹的証明」という概念も知らなかった。和算には，論証もなく，自然の中に数学的関係を探るという態度もなかった。和算は，日常の効率的な計算と「芸」に近いような精緻な計算を誇るものであった（川尻，1997）。和算と西洋数学には，「直観的・帰納的」と「論理的・演繹的」という学問の性格の大きな差異が存在していた。
　明治になり，近代日本は，富国強兵・殖産興業という流れの中で，急いで西洋文明を取り入れようとした。その結果，道具（手段）として西洋数学を

取り入れたが，西洋（数学）文化を支える精神的哲学的基盤は取り入れられなかった。そこまで言い切れないまでも，それがしっかりと取り入れられたとは言えない。このことは後の4．で述べる小倉（1974）の記述からも考えられる。（日本人には和算の素養があったため西洋数学を比較的容易に習得できたようである。）その後，近代日本は，経済的に技術的に西洋を追い越した。しかし，その後の学校数学において，日本人の精神基盤にあった，2．で述べたような帰納的精神あるいは試行追求的精神というものなどが弱められたと考えられる。

4．学校数学に残されなかった和算

　前小節3．で述べたように，明治の近代日本は，高度な科学技術の早急な導入を必要としたため，十分な検討がなされぬまま，自然科学・科学技術とつながりのある西洋数学を受容し，そのつながりの弱い和算を排斥した。その結果弱められた和算の精神文化として，大きく次の3つが考えられる。

　一つ目は，2．で述べた帰納的精神あるいは試行追求的精神というものから生まれる直観，類推や帰納的方法等によってなされる理論構築である（演繹的証明による結果の確認という考えはなかったので，西洋数学から見れば不完全なものではあるが）。一流和算家には，方法論的自覚があり，特に数値計算例から一般的法則を探り出すという発見的方法も見られる。二つ目は，和算を実用性から離れた「芸」とみなし，その「芸」にまで精神修養的要素を見出そうとする日本人の精神主義的傾向である。これが和算の大きな推進力の一つであった。3つ目は，1．で述べた和算の3つの特質にも見られるような「数学を楽しむ心」「数学で遊ぶ心」という，和算の時代，幅広い層の多くの人々に行き亘っていた日本人の精神文化である。他に，西洋数学導入時に置き去りにした精神文化には，このような一般論では片付けられないものも少なくないと考えられる。

5．和算における帰納的方法

　これからのわが国の数学教育を考えていく上で，前小節4．で述べた，弱められた和算の精神文化の特に一つ目の直観，類推や帰納的方法，さらには発見的方法によってなされる理論構築が重要になる。西洋数学の流れにある

わが国現在の学校数学に不足している点の一つと考えられるからである。和算が帰納的であると言われる理由について，次にいくつか例示する。

松原元一（1982）は『塵劫記』（じんこうき）について次のように述べている。

　　その内容は，今日の算術の内容に似ていて，計量や金銭の問題を中心とする日用諸算である。項目はすべて庶民の実用的な問題によって立てられているから，表面には出ていなくても，比，比例，比例配分，等差級数，等比級数，利息計算，平面図形と立体図形の求積，三平方の定理などが含まれている。いずれも理屈抜きで，実例によってその使い方を説明しているのである。大矢真一氏は，内容の配列は，その算法が易から難へ進むように，みごとに数学の体系が勘案されているといっている。（p.17）。

三上（1999）は，和算の帰納的推論について次のように述べている。

　　和算家の使用した推理の仕方には帰納的なものがはなはだ多い。（中略）建部賢弘の『不休綴術』は種々の算法について数が三である場合には，四である場合には云々，五である場合には云々，したがってそれから推して云々の仕方を取るべきものであるというように考えて，帰納的に算法の説明を試みたもので，いわば建部が理想とせる数学的推論の方法を教えた教科書であり，方法論の著述であるとも見られる。（中略）帰納的に推論したいという精神を寓した，意義深いものと見るのが至当である。（pp.89-90）。

わずかな例からではあるが，和算の精神基盤にある帰納的精神あるいは試行追求的精神，また，それから生まれる直観，類推や帰納的方法等の一端を読み取ることができる。

6．本節のまとめ

　和算の排斥と西洋数学の受容により弱められたと考えられる和算の精神文化には，帰納的方法，芸道的精神，数学遊戯心などがある。和算の良い面を

捨てそのような経緯に至った理由について，和算の弱点にも触れまとめておく。

　小倉金之助によれば，和算家から洋算家への転換―それは，少なくともその当時においては，科学としての和算と洋算との優劣によって決定されたのではなく，むしろ時代の激流によって規定されたのであった（小倉，1974b，p.220）。次のようにも述べている。

> 　我が国の数学者がその（洋算の）優秀を認めて，之を採用せんとしたよりも，航海術，機械学，戦術等を学ぶ必要上から，彼の数学にも通ずる必要があって，之を修めるようになったのが，当時の実状であり，純数学者は依然として，和算の研究を進めていたのである。（小倉，1974b，p.217）

　村田全（1981）によると，和算の伝統を最終的に断ち切ったのは，1868年に発足した明治政府である。そこで新しい教育制度が作られたとき，最初に西洋数学採用，次いで一旦和算採用と揺れ動き，最後の土壇場で西洋数学採用が決定されるという過程を経て，1872年に西洋数学の採用が確定した。さらに，次のように述べる。

> 　和算がそこに至った経路において，一方でその思想性の貧困と，他方でその現実とのつながりの欠落とは，明治以後の外的状況の変化以前に，すでにその亡びに至る運命を胚胎していたと思わざるをえない。私は，明治政府の残した潜在的だが最も大きな功績の一つとして，彼らがあえて洋算の採用に踏み切ったその決断を挙げるのに躊躇しない。（村田，1981，p.153）

さらに，次のように付け加えている。

> 　『塵劫記』以来，和算の裾野に拡がっていた，そろばん，記数法などの初等知識の普及は，明治以後の日本が西洋の自然科学や機械文明を理解，吸収する上で，まことに大きな役割を果たしたと思われる。（中略）

私は明治維新以後の先人の努力を低く見るのではないが，それ以上に，江戸時代の残したこの文化的潜勢力を評価したい。そしてそれはまた，広い意味での和算が今日の日本に残した最大の功績であろうと考えている。(村田，1981，p.153)

　このような明治政府の西洋数学採用という「英断」と西洋数学受容における和算の果たした功績は広く評価されているところである。しかし，その後の学校数学への西洋数学の定着・発展において，西洋数学の翻訳に終始しその上澄みだけが取り入れられていった点や徳川期を通じて発達した和算のよさは顧みられてはいない。和算の伝統の一部（そろばん等）はその後の学校数学に残されたものの，これまで見てきたように，和算の排斥と西洋数学の受容，その後の学校数学での西洋数学の発展という経緯の中には，和算や西洋数学の基盤になる精神文化に対しての十分な検討は見られない。それがなされないまま現在に至っている。弱められた和算の精神基盤にある帰納的精神あるいは試行追求的精神を，また，それらから生まれる直観，類推や帰納的方法等を問い直し検討したうえで，わが国現在の学校数学の展開にそれを生かすことが今要るのではないかと考える。そして，このことは，和算のよさだけではなく，しっかりした精神的哲学的基盤に支えられた西洋数学のよさの再認識，再発見にもつながり，これからのわが国現在の数学教育の発展につなげていくことができるものと期待される。

　これまで和算の特質と西洋数学の受容についてみてきた。和算については，ここでは全体的に広義のものと狭義のものを特に区別していない。4．で述べたような和算のよさとその精神文化の検証をし，これからの数学教育の発展につなげていくためには，広義の和算と狭義の和算それぞれについて，次に示す文化社会学の4つの課題による検討を進めていかなければならない。
(1)　それぞれの文化圏における知のエートスの問題―その社会において数学の知にどんな役割が担わされ，それがどんな方向に価値づけされて追求されたか，その研究の目的は究極的に何を目指していたのか，という問題。
(2)　その社会における数学の担い手は一体どのような人々であったかという

問題—その担い手の違いにより，その数学的知のあり方も大きく異なってくる。
(3) その数学の知を支持し，促進し，またその結果を享受または利用するのは誰かという問題—これも数学の質を大いに異なるものにする。
(4) その研究の手段は何だったかという問題。

さらに，この検討は，広義の西洋数学と狭義の西洋数学においてもなされなければならない。

そして，これらの検討の後，わが国今後の数学教育の精神基盤に据え直すべき文化は何かの研究が進められなければならない。

第2節　幕末における西洋数学の導入

要　約

幕末における西洋数学の受容は，まず，算術に関わる内容について行われた。これは既に広義の和算にあったものであり，その内容をアラビア数字とそれによる十進位取り記数法によって置き換えることによって，また，筆算のような代数的表現を形式的に導入することによってなされた。これは「和算の洋算化」であると言える。また，和算には直接は見られなかった西洋数学の内容である「対数」や「三角法」などは，航海術や暦術の研究を目的として，狭義の和算の中に取り入れられた。これは「洋算の和算化」であると言える。明治になってからも，当時の日本には，洋算を（文字・記号は採用したが）西洋の言葉そのままに受容するのではなく，悉く日本（和算）の言葉に「翻訳」して受け入れようとする姿勢が見られる。後もこのような「和算の洋算化」と「洋算の和算化」が時と場所を変えてなされながら，そして「和算の洋算化」から「洋算の和算化」へと重心を移しながら西洋数学が受容されていき，次第に日本の数学教育が形をなしていったものと考えられる。

1．柳河春三（1857）『洋算用法』

第3章　近代日本の数学教育の原点への遡及

　幕末期1853年，ペリー艦隊の来航により，わが国は震動した。幕府は，まず外国の事情を知る必要を感じ，オランダに膨大な書物を注文した。これらの書物は1858年に到着したが，その中には多数の数学書（算術・代数・幾何・三角法・微積分など）も含まれていた。これを境として，西洋数学の導入が始まった。ところが，その前年の1857年，わが国で最初の西洋数学書が2種類揃って出版されていた。『西算速知』と『洋算用法』である。この年『西算速知』の著者福田理軒は43歳の名の知れた和算家，『洋算用法』の著者柳河春三は26歳の新進の洋学者であった。

　『西算速知』にはアラビア数字もゼロの記号もないが，このことは福田理軒が西洋の算術書を参考にせず，漢訳の西洋算術書を使ったことによる。中国では16世紀頃から，キリスト教の宣教師の手により西洋数学が紹介され，「筆算」と名付けられていた。この書の四則の計算法は中国での西洋数学そのままである。

　一方，『西算速知』が中国風の洋算の書物であったのに対し，『洋算用法』は純然たる西洋風の洋算の書物である。『洋算用法』はオランダ数学書の大量流入以前の出版であるため，特定の洋算書を参考にした形跡は見られない。著者柳河春三が長崎で見聞きした事柄を基にして，理論的にまとめ上げたということが全巻に明らかに表れている。著者柳河春三は，（洋算用法）「自叙」において，この書出版の理由を概略次のように述べている。

　　「わが国の技巧の中で，西洋に引けをとらない最たるものが算術である。では，洋算を学ぶには及ばないのか。そうではない。航海・測地は西洋人の最も長ずるところであって，今の時勢，その術を習い，その蒙を発することは最も急を要することである。」（青木他編，1979，pp.133-138の筆者による要約）

　このように，和算の技巧としての優れた面を認めながらも，実用上から洋算の欠くべからざることを述べている。

　『洋算用法』はわが国最初の西洋数学書であり，現在の小学校算数で使われている代数表現の殆どがこの書によって導入されている。明治最初の算術教科書になった『筆算訓蒙』においても言語表現に差異はあるが，代数記号

などは『洋算用法』のものをそのまま踏襲している。『洋算用法』は，後の算術書に多大な影響を与え，現在の小学校数学へのつながりの源泉となる，わが国における洋算の受容の書であるといえる。

わが国には，和算の伝統があった。和算の珠算においては，そろばん上の数の表現そのものが位取り記数法の原理に従っていて，筆算と同じ仕組みが実現されていた。だから，アラビア数字を導入すれば，この十進位取り記数法の習得は容易であった。また，『洋算用法』には「算数の範囲で問題を解くには加・減・乗・除と三率比例法だけで十分である」と述べられているが，これらについては全て，和算の点竄術（てんざんじゅつ）を西洋の代数表現に翻訳することで洋算を形式的には容易に導入できたと考えられる。

ただ，『洋算用法』また『筆算訓蒙』における「文字式」の扱いは，まだ「記号代数学」の段階に至っているとは言えない。

2．長崎海軍伝習所と西洋数学

長崎海軍伝習所は，1855年に江戸幕府が海軍士官養成のため長崎に設立した教育機関である。幕臣や雄藩藩士から選抜して，オランダ人教師によって西洋技術・航海術・蘭学・諸科学などを学ばせた。1855年の第1期生は江戸出身者四十名程度と他藩百三十名程度であり，1856年の第2期生と1857年の第3期生にも幕臣数十名が集まった。その後1857年3月に多数の伝習生が新設された築地軍艦操練所に移動したため，長崎海軍伝習生は数十名程になり，1859年には長崎海軍伝習所は閉鎖された。このように，長崎海軍伝習所での伝習は，5年足らずという短い期間のものであった（藤井，1991）。

『日本の数学100年史（上）』では，長崎海軍伝習所における数学の意義について，次のように述べられている。

> 海軍伝習所における数学は，組織的なものとしてはわが国最初のもので画期的なものであった。受講者の数が多かったこと，特にその中から明治初期の数学の推進者が多く出たこと，また恐らくはこの中の無名の人々もその後の洋算の普及にかなりの役割を果たしたであろうことなどを考えれば，海軍伝習所を抜きにして以後の数学は考えられない。（しかし，教えた人たちは専門の数学者ではなく，海軍軍人に必要な数学を教え

たのであるし，また教わった方もそれを当然としていた。このことが，数学を実用的なもの，技術のための必須の道具として人々に認識させたことは疑いない。)(「日本の数学100年史」編集委員会，1983，上 p.26)

　上の記述にあるように，長崎海軍伝習所における数学がわが国の西洋数学の受容にかなりの役割を果たし，その後のわが国の数学教育に大きな影響を及ぼしていることは間違いないであろう。しかし，長崎海軍伝習所における数学の習得は，西洋数学の基盤をなす「記号代数学」の受容に至っているとは言えないようである。
　長崎海軍伝習所における数学の教授内容を具体的に知ることができる資料は少ない。残されている史料を基にここまでみてきたことから考えられる，長崎海軍伝習所にみるわが国の西洋数学受容の様態については，「第4章第1節　3．長崎海軍伝習所にみる西洋数学伝習の様態」(pp.55-56) において述べる。

3．幕末における西洋数学の受容

　幕末における西洋数学の受容は，まず，算術に関わる内容について行われた。これは既に広義の和算にあったものであり，その内容をインド・アラビア数字とそれによる10進位取り記数法によって置き換えることによって，また，筆算のような代数的表現を形式的に導入することによってなされた。これは「和算の洋算化」であると言える。また，和算には直接は見られなかった西洋数学の内容である「対数」や「三角法」などは，航海術や暦術の研究を目的として，狭義の和算の中に取り入れられた。これは「洋算の和算化」であると言える。明治になってからも，当時の日本には，洋算を（文字・記号は採用したが）西洋の言葉そのままに受容するのではなく，悉く日本（和算）の言葉に「翻訳」して受け入れようとする姿勢が見られる。後もこのような「和算の洋算化」と「洋算の和算化」が時と場所を変えてなされながら，そして「和算の洋算化」から「洋算の和算化」へと重心を移しながら西洋数学が受容されていき，次第に日本の数学教育が形をなしていったものと考えられる。わが国における特に「記号代数学」の受容の様態については，主には第4章において言及する。

次に，明治の算術教育における洋算の受容についてみていく。

第3節　明治の初等算術教育における和算と洋算

要　約

　日本の初等算術教育は，明治33（1900）年の「小学校令」によって，現在の算数教育の形にもつながる日本固有の数学教育の形になった。すなわち，洋算を主としつつ，そろばんを計算手段（計算器）としての役割に限定して存続させるという「洋和融合」の形である。こうして残された「珠算（そろばん）」は，洋算には無かったものであり，「実質としての和算」の一部である。現在に「実質としての和算」の一部が残された背景について述べた。

　一方，筆算への切り替えは，算用数字・計算記号の導入や位取り記数法を必要としていった。このとき，当時の日本には，洋算を（文字・記号は採用したが）西洋の言葉そのままに受容するのではなく，悉く日本（和算）の言葉に「翻訳」して受け入れようとする姿勢があった。その「翻訳」の過程に「和算」が大きく関わっている。全て日本語で西洋数学を教えるという現在の学校数学教育の確立まで，「翻訳」が続けられていく。この「翻訳」は「役割としての和算」であると言ってよい。その姿は直接には見えにくいものかもしれないが，現在の学校数学教育の中に和算的なものとして大きく残されていると考えられる。

　近代日本の数学教育の原点は，明治維新における西洋数学の採用（和算の廃止）である。しかし，和算は洋算の受け皿として機能していたし，衰退に向かうものの，ある時期並存していた。確かに明治政府は和算を捨て洋算を採用したが，その後，和算・洋算併用の時期もあったし，珠算はその規模が縮小されたものの，その後の学校数学の中にもしっかりと残された。また，和算書である『算法新書』は明治になっても版を重ね，幕末期から明治期にかけて庶民・国民に広く読まれるものであり社会の中に深く浸透していた。したがって，洋算の採用後の数学教育（特に算術教育）において，和算の文

化はある程度あるいは部分的にでも確実に残されていた，とみるのが妥当である（伊達，2007a）。この和算教育と洋算教育との相克が，近代日本あるいは現代日本の学校数学教育への流れの中で，どのような変遷をたどり現代にどのような影響を及ぼしているのか。ここでさらに検討を進めていきたい。

1．本節のはじめに

　本研究の中でこれまでに，文化的要素である「数学」特に「数学文化の発展」（以下，これを単に「数学の歴史展開」という）を有機的全体として捉え，そこにみられる文化性を明らかにすることを目指してきた。そして，数学の歴史展開を有機的全体として捉えるという視点をわが国の数学教育の歴史的な展開に適用することによって，次の問題の認識に至った。

　「近代日本の数学教育の原点をみるとき，日本の数学を捨て，西洋の数学を選択した精緻な検討が十分になされているとはいえない。そのため数学教育の展開を，その文化性に着目して有機的全体として捉える姿勢に希薄である（第2章第3節参照）。その結果，今日の学力低下論などは，皮相な社会現象を求めることに性急で，その解決策は『昔の方がよかった』や『基礎・基本の重視』といった，ほとんど策ともいえない提言が並んでいるだけである。こうした解決策がみい出しえぬ問題こそ，日本が西洋数学を受容した地点にまで遡及して，考える必要はないか。」

　近代日本の数学教育の原点は，明治維新における西洋数学の採用（和算の廃止）であるが，どのような経緯でそのような選択に至ったのか，その選択が西洋数学，和算それぞれの「考え方」の基盤を検討してのものであったのか，またその選択により何を得，何を失ったのか，などについて，確認してきた。その結果，「近代日本の数学教育の原点をみるとき，日本の数学を捨て，西洋の数学を選択した」という認識には修正が必要であることが明らかになった。明治政府は確かに和算を捨て洋算を採用したが，その後，和算・洋算併用の時期もあったし，珠算は，規模は縮小されたものの，その後の学校数学の中にもしっかりと残された。また，和算書である『算法新書』（1830）は明治になっても版を重ね，幕末期から明治期にかけて庶民・国民に広く読まれるものであり社会の中に深く浸透していた。したがって，洋算の採用後の数学教育（特に算術教育）において，和算の文化はある程度ある

いは部分的にでも確実に残されていた，とみるのが妥当である（伊達，2007a）。この和算教育と洋算教育との相克が，近代日本あるいは現代日本の学校数学教育への流れの中で，どのような変遷をたどり現代にどのような影響を及ぼしているのか。これからさらに検討し，本研究を進めていかなければならない。

　本節では，洋算を受容する際の和算の二つの側面，即ち「実質としての和算」（珠算）と「役割としての和算」（洋算の和算化）を明らかにすることにより，和算を廃止し洋算を採用した明治の算術教育の面貌に迫りたい。

２．「実質としての和算」（珠算）

　明治の算術教育の面貌を，まず，時の教育法令と算術教科書の内容とその取り扱いを中心にして捉えていく。なお，ここでの記述は，主には松原元一（1982）『日本数学教育史Ⅰ算数編(1)』・『日本数学教育史Ⅱ算数編(2)』を基礎資料として行ったものである。

(1)　明治直前の日本の数学

　わが国には，明治以前，和算という日本独自の強力な伝統があった。和算には，生活するために必要な数学から，学究的な理論数学，楽しむための遊戯的数学まであり，数学書も多く刊行されていた。和算は，日本の地で広く普及し発展した数学文化である。

　幕末期，1853年のペリー艦隊来航を契機に，わが国に西洋数学が導入され始めた。国防が緊急の課題となり，1855年に長崎に海軍伝習所を設け，オランダ人から航海術その他海軍関係のことを学ぶことになる。それといっしょに西洋数学も教授されることになる。1880年代の初めまでの日本の数学者は，直接外国人について学んだ人達の他の多くは中国の数学書（西洋数学の翻訳）を参考にしていた。日本人が西洋数学を学びだした時分には，オランダの書物の他に，中国の訳書が，参考書として重要な役割を果たした。（ただ，文字や記号までも中国式に翻訳してしまっていたことで数式の国際的普遍性を失うという弊害もあった。）

　1862年に，陸軍では，フランスの軍政を学ぶことになり，それにつれてフランスの数学が入ってきた。幕府の開成所では，この年，数学局を設け，洋学者の神田孝平たちが，西洋数学を教えることになる。1863年には，民間で

も近藤真琴が「蘭学，洋算及び航海術」の塾を開く。この頃，日本語で書かれた西洋数学の本が二つ出版される。一つは柳河春三『洋算用法』(1857)であり，もう一つは伊藤慎蔵『筆算提要』(1867)である。軍関係の人達と洋学者という2通りの若い青年が洋算を学びだした。

この頃，生粋の和算家などは西洋数学の価値を非常に低く解釈していて，依然として和算を研究していた。優秀な和算家の大多数は，西洋数学を学ばず和算の研究を続けていた。一方，和算家の間にも，航海術や測量などに関心をもつ人達が，だんだんと多くなっていった。陸海軍では，全く新しい西洋数学をやることになり，和算家を見捨てて，全く新しい洋算家，或いは洋学者を採用した。これを第一歩として，和算家は後退していくことになった。そして，明治政府は洋算採用・和算廃止を決定することになる。

(2) 「学制」制定期の状況

明治5（1872）年，明治政府は国民すべてに教育を与えるという理想のもとに「学制」を定めた。

数学に関しては，明治5（1872）年，文部省は小学校には「洋法算術」を指示し，「小学教則」［文部省内教育史編纂會 編集（1938）に所収］において教科書として塚本明毅の『筆算訓蒙』と吉田庸徳の『洋算早学』を示し，中学校には「算術 代数学 幾何学」を指示した。「小学教則」は洋算への移行の発端であった。しかし，この下等小学教則によれば算術では「洋法ヲ用フ」とあって，和算（珠算）はとりあげていない。珠算を排して筆算のみとりあげたことに対する民間の反発は大きかった。長い歴史をもつ珠算はそれだけ普及していて国民に親しまれていたものと考えられる。また，洋算を知らない先生が多く，寺子屋同様に珠算のみを教えていた人もいるほどであり，文部省は明治6（1873）年，和算の併用を認めることになった。学制が公布された当初は教科書がなくて，とりあえず既刊の数学書を教科書として指定した。これらは当時刊行されていた数学書中の良書ではあったが，小学校の教科書としてふさわしいとは言えなかった。文部省は早急に『小学入門』や『小学算術書』を刊行した。しかし，教科書は国定でもなく，検定の制度もなかったから，各地で使用した教科書の種類は多数であった。

(3) 「小学教則」

「小学教則」の「算術」では，各級で学ぶべき数範囲は示されていない。

第8級（1年の前半）で，数字，記数法，命数法から加減計算に及ぶ。加減の九九は二つの基数（1位数）の加法と，その逆の減法すなわち18以下の数から基数を引いて基数となる減法を九九として暗記するもので，一切の計算の基礎となるものである。第7級と第6級（1年の後半と2年の前半）にかけて乗除を指導することになっている。第5級（2年の後半）が四則の応用である。第4級（3年の前半）が諸等数の指導とその四則計算である。尺貫法の単位関係とその計算の指導であるが，現在のような測定や量自身の指導には及んでいない。第3級，第2級，第1級（3年の後半と4年）は分数と比及び比例の初歩である。

これで義務教育として指定される4年間の下等小学は終る。このように下等小学の程度は高いが，上等小学においてもこれが急速に進展して，級数から開平，開立，対数計算に及んでいる。

(4) 『小学算術書』

明治6（1873）年，文部省は『小学算術書』を出版した。そして，文部省や師範学校の「小学教則」をもとにして，各府県がそれぞれ「小学教則」をつくることになる。師範学校の「小学教則」に教科書として指定され，多数の府県の「小学教則」にも指定された東京師範学校編集，文部省の刊行になる『小学算術書』は，アメリカの数種の算術書原本を種本としたもので，当時の各教科の教科書に比較して進歩的なものであったし，わが国の算数教育史上で注目すべきものである（上垣，2000）。『小学算術書』は，明治6（1873）年3月に巻一，4月に巻二，5月に巻三，巻四が出された。巻五は遅れて明治9（1876）年4月に刊行された。巻一は加算，巻二は減算，巻三は乗算，巻四は除算および諸等数，巻五は分数を扱っている。生徒の発達段階に応じ編まれており，内容も分かりやすいといわれている。

(5) 明治10年代以降

後の経緯は，次の表1．のようにまとめられる。

表1：明治の算術教育の様態　[年表]

明治1	1868		和算
〜	〜		

第3章　近代日本の数学教育の原点への遡及

明治5	1872	「学制」を制定，洋算採用・和算廃止，「小学教則」において教科書として『筆算訓蒙』『洋算早学』を指示	洋算採用（和算廃止）
明治6	1873	和算の併用を認める，文部省『小学算術書』（巻1・2・3・4）を刊行	洋算・和算の併用
〜	〜		
明治9	1876	文部省『小学算術書』（巻5）を刊行	
〜	〜		
明治11	1878	「小学教則」を廃止	
明治12	1879	「学制」の廃止，「教育令」の公布	
明治13	1880	「教育令」を改正して公布	
明治14	1881	文部省「小学校教則綱領」を示達	
〜	〜		
明治16	1883	就学率が50％を超える	
〜	〜		
明治18	1885	「教育令」の再改正	
明治19	1886	「小学校令」を公布し，教科書検定に踏み切る	尋常小学校では珠算，高等小学校では筆算
〜	〜		
明治23	1890	「小学校令」の改正	
明治24	1891	文部省「小学校教則大綱」を示達	算術では筆算または珠算を用いる
〜	〜		
明治33	1900	「小学校令」の改正	
〜	〜		算術では筆算を用いる
明治36	1903	教科書が国定になる	
〜	〜		
明治38	1905	『小学算術書』（第一期国定算術教科書）が使用される	
〜	〜		
明治45	1912		

　珠算の扱いについては，「小学校令」の改正によって，「算術は筆算を用いるものとするが，土地の情況によっては珠算を併せ用いてもよい」ということになったが，「黒表紙教科書」の内容には「珠算」の記載が全く見られない。「緑表紙教科書」（昭和10（1935）年）には，その第4学年と第5学年の

内容に,「珠算」,「珠算練習」,「珠算による乗除」として,しっかりと記載がなされている。現在では,学習指導要領において,第3学年の内容に「そろばんによる数の表し方について知り,そろばんを用いて簡単な加法及び減法の計算ができるようにする」と記載され,各学年にわたる内容の取り扱いには「そろばんや電卓などを第4学年以降において適宜用いるようにすること」と記載されている。

3.「役割としての和算」(洋算の和算化)

　和算は日本文化の大きな精華の一つである。現在でも加・減・乗除・和・積等,和算用語が数多く算数・数学に用いられている。ところが,現在の算数・数学教育の中にはその姿は直接的には殆ど見えなくなっている。ここでは,洋算が日本の算術教育の中にどのように取り入れられていったか,そのとき和算の果たした役割は何であったのか,について述べる。和算教育初期の代表的教科書である『塵劫記』,和算が発達を遂げて明治期へ移行するという時代のもう一つの代表的教科書と考えられる『算法新書』,洋算の受容の発端である『洋算用法』の解説,明治最初の算術教科書である『筆算訓

第1条	基数	第13条	絹布の売買
第2条	小数	第14条	外国品の売買
第3条	米の量の単位	第15条	舟の運賃
第4条	田の単位	第16条	桝の大きさ
その他の単位		第17条	検地
第5条	九九	第18条	収穫と税
第6条	割算の九九(その1)	第19条	金箔の売買
第7条	割算の九九(その2)	第20条	材木の計算
第8条	割算と掛算	第21条	河川の工事
第9条	米の売買	第22条	いろいろな工事
第10条	金や銀の両替	第23条	木の高さを測る
第11条	銭の売買	第24条	測量
第12条	利息の計算	第25条	開平法
		第26条	開立法

図4

第3章　近代日本の数学教育の原点への遡及

蒙』等の内容を，可能な限り原本に当たりながら，みていく。
(1) 『塵劫記』
　『塵劫記』は江戸時代初期の数学者吉田光由（1598〜1672）によって書かれたそろばんの書で，寛永4年（1627）に発刊された。光由は中国のそろばん書『算法統宗』を手本として，この本を書いたものであるが，そこに扱われている内容は日本の社会に発生する日用諸算である。それが大いに世に受けたため，光由は内容を改めつつ何回も改版した。寛永18年（1641）には新しく書き換えた新版を出している。これに刺激されて，その後そろばんの書物が多数出版されることになった。その内容を『塵劫記』初版本（現代語訳）の目次で見てみよう（図4）。
　ここで，第2条の「小数」は現代語訳であり，当時「小数」は「一よりうちこかす」と書かれていることに注意しておきたい。
　松原（1982）の記述によると，『塵劫記』は，そろばんによる加減乗除から出発して，日常の生活に直結する教材がプロジェクト風に取り上げられている。計算力は2桁の割算あたりに到達するものが最も多かった。教科書すなわち寺子用書として使われた本はほとんどなくて，塵劫記などの書物は主として教師用として使われていた。
(2) 『算法新書』
　『算法新書』は，千葉胤秀が編集し，文政13年（1830）に出版された和算の教科書である。明治になっても版を重ね，幕末期から明治期にかけてのベストセラーといわれている。数の数え方やそろばんなどの初歩中の初歩からはじまり，代数，幾何，最終的には和算の最高の術といわれる円理の方法まで，独学でも学べるようにわかりやすく書かれていると言われている。その内容を『算法新書』初版本の目次で見てみよう（図5）。（ここでの各項目の配列は，原本の目次にほぼ準じている。）

```
算法新書目録
    巻中凡例            用字凡例
  首巻
    基数              大数              小数
```

度	量	衡
畝	諸物軽重数	九九合数
九帰法	撞除法	

巻之一
算顆盤之図	加	減
九帰	同環原	帰除
同環原	乗除定位	乗除及定位之図解
雑問（金銀残米炭等）		

巻之二
異乗同除	同図解	同比例式之図
雑代（金銀米残両替等）		
差分	盈朒（じく）	求積
開平方	帯縦開平方	相応開平方
開立方	相応開立方	勾股弦
三斜	容術	

巻之三
天元術定則	同実問	点竄術定則
同実問	交商	変商
整数	逐索	成数
互減	遍約	互約
逐約	斎約	自約
増約	損約	零約
剰一	朒一（じく）	翦管
約術雑題	適盡法級法	同実問

巻之四
変数	招差（附方垜）	衰垜
綴術	方円起原（弧矢弦　円率　玉率　角術）	

巻之五
	方円立表	同雑問

附録
	極形術

算法新書目録　終

図5

ここに見られる和算の用語の中には，現在に残されているものとして，「小数，度量衡，加減乗除，比例式，求積，平方，立法，開平，開立，整

数」等がある。

内容は，『塵劫記』が広義の和算に留まっているのに対し，『算法新書』では広義の和算からその後の和算の発達による狭義の和算にまで及んでいる。

(3) 『洋算用法』

日本が近代化を成し遂げるために，和算は大きな役割を果たした。和算の素養を身に着けた洋学者達，延いては和算家達は，「和算は日本独自の数学であるが，数や式は容易に西洋数学に変換できてしまう」ことに気づいた。『洋算用法』(1857)における洋算の導入の様子を，船山 (1996) の記述を基に見ていこう。洋学者である柳河春三は『洋算用法』において，アラビア数字を「和蘭 (オランダ) の数符」と称し，次のように記述している。

```
2×617＝1234         譯
                   六
         術         百
                   十
          2        七
       6 1 7     積
         1 4    一
           2    千
       1 2     二
       1 2 3 4  百
                三
                十
                四
                個
```

図6

「まず，この和蘭の数符を覚えよ。」

「我々が十を一〇，百を一〇〇と書くのと同じように，十は10，百は100と書く。」

次に，筆算による加え算と引き算を説明し，次のように記述している。

「これができるようになれば，掛け算，割り算も容易にわかるから，まず加え算と引き算に習熟せよ。」

そして，掛け算では，右図 (図6) のように和算の表記と洋算・筆算の表記を併記し，「九九表」を使いながら説明している。洋算については，次のように述べている。

「洋算は，子供でも一か月も学習したならば，加減乗除の計算や比例の計算ができるようになるだろう。」(船山，1996，pp.101-102)

このとき，併せて，10進位取り記数法の理解が必要になる。和算の珠算においては，算盤上の数の表現そのものが位取り記数法の原理に従っていて，筆算と同じ仕組みが実現されていた。だから，和算の素養があれば，この十進位取り記数法の習得は容易であったと推察できる。

(4) 『筆算訓蒙』

45

『筆算訓蒙』は明治2 (1869) 年9月に刊行された。『筆算訓蒙』について，小倉金之助は「算術を，系統的に，而も近代的なる教科書の形式において提供した，恐らく日本最初の著述である」と述べ，「一面において，和算から全く脱出し得たと同時に，他面においては，単なる西洋からの直訳的でない所の，日本的なる風格を維持している」として「数学教育上の傑作であった」と賞賛している。そして，一般的な述述，例題による方法の詳述，計算問題，応用問題という，現代では通常に行われているこの順序は，わが国ではこの書物が最初であろうという。さらに，明治以来の日本算術教育の方向は，既にこの『筆算訓蒙』の中に指示されていたともいっている。

小倉 (1974) の記述から，『筆算訓蒙』の目次を次に示す (図7)。

数目，命位，各種数名，加法，減法，乗法，除法，諸等化法（通法，命法），諸等加法，諸等減法，諸等乗法，諸等除法．
分数，命分，求等数法，通分，約法，加分，減分，乗分，除分．
小数，分数化小数法，小数加法，小数減法，小数乗法，小数除法．比例式総論（要訣六則），正比例，転比例，合率比例，連鎖約法．

図7

松原 (1982) の記述から，その内容の一部を次に見てみよう (図8)。

巻一　　数目　　加減乗除
最初に「数目」として次のことが示されている．
基数　0と一から九までの数
大数　十より大きい数　　十，百，千，……の単位を「極」の単位まであげている．
小数　一より小さい数　　分，厘，毛，……の単位を12個あげている．
洋字　0から9までの数字を示している．
次に「命位」として十進法の位取りと記数法を説明し，練習させている．
次の「各種数表」でわが国の度量衡の単位とその相互関係，暦数（角度の単位），特数（時間の単位），幣数（貨幣の単位すなわち金銀を計る目方の単位で，両，分，金朱，貫，百文，一文）の相互関係を説明している．
「加法」では筆算の方法を説明しているのであるが，最初から4位数や5位数を使っている．また，数字は4桁区切りで書いているのは，わが国の実状に合わせたもので洋書の直輸入ではない．

第3章　近代日本の数学教育の原点への遡及

> （略）
> 「乗法」は累加として説明され，「九九合数表」の暗記が求められている．筆算による1位数を掛ける乗法，2位数を掛ける乗法を説明し，後は乗法の桁数は急に多くなる．
> （略）
> 「除法」も1位数で割る方法が入念に説明され，続いて2位数で割る方法を説明し，後は練習問題で一気に多い桁数による除法をやらせている．割る記号は÷ではなくて，わが国の比の記号：を使っているのは，ヨーロッパ各国と同じである．
> （略）
> 　巻二　　分数諸法
> 内容は分数と小数である．分数とは整数を整数で割ったもので，実数（被除数）が除数より小さいものを表す．例えば1を3で割ったものが三分の一で，3を分母，1を分子といい，これを$\frac{1}{3}$とかく，と説明する．
> （略）
> 　巻三　　比例諸法
> （略）
> 　附録　　（略）

図8

　ここでは，算術が洋算（筆算）へと移行していく端緒であることが伺える．

　巻二において，和算には直接は無かった「分数」を導入し，その表し方を説明している。後の明治6（1873）年に文部省が刊行した「小学算術書」では，「分数」を「1個を等分の数個に分け，その1部分2部分等の数」と説明している。

　巻三において，加減相当数を称して「数理率」と称し，現在の「移項」に当たるものであるが，右図（図9）を示し説明している。

　また，乗除相当数を称して「幾何率」と称し，現在の比例式の扱いに当たるものを，右図（図10）を示し説明している。さらに，右図（図11）を示し，

> 　率　理　数
> $21 - 9 = 25 - 13$
> 変
> 之
> $21 + 13 = 25 + 9$

図9

47

未知数を x とし，比例式に関わる方程式を説明している。

(5) 算術教育における洋算の導入

このように，算術教育における洋算の導入は，日本に和算という素地があったから，容易にしかも迅速になされた，と言える。広義の和算は，日常計算を中心とする高度な計算術であったので，洋算の内容や用語・記号は殆ど和算の言葉に置き換えることが可能だったからである。洋算を，（文字・記号は採用したが）西洋の言葉そのままに受容するのではなく，悉く日本（和算）の言葉に「翻訳」して受け入れようとする姿勢が，当時の日本にあった。ここに，和算が大きな役割を担った，と言えよう。この姿勢と精神が，後の「東京数学会社の訳語会の活動」へと引き継がれていく。この活動には多くの和算家達が大きく関わっている。『明治初期における東京数学会社の訳語会の記事』(佐藤健一，1999) には，数学の訳語を成立させる過程と，現在使われている用語を定めるのにどう努力したかが，詳細に記述されている。

$$\begin{array}{c} 率\quad 何\quad 幾 \\ \dfrac{18}{6} = \dfrac{12}{4} \\ 又 \\ 18:6 = 12:4 \\ 変 \\ 之 \\ 18\times 4 = 12\times 6 \end{array}$$

図10

$$\begin{array}{c} 4:12::7:x \\ 4x = 12\times 7 \\ x = \dfrac{12\times 7}{4} = 21 \end{array}$$

図11

4．本節のまとめ

本節では，洋算を受容する際の和算の二つの側面，即ち「実質としての和算」（珠算）と「役割としての和算」（洋算の和算化）を明らかにすることにより，和算を廃止し洋算を採用した明治の算術教育の様態に迫った。次の3点に要約できる。

(1) 日本の算術教育は，2．でみてきたような経緯の後，明治33 (1900) 年の「小学校令」によって，現在の算数教育の形にもつながる日本固有の数学教育の形になった。すなわち，洋算を主としつつ，そろばんを計算手段（計算器）としての役割に限定して存続させるという「洋和融合」の形である。こうして残された「珠算（そろばん）」は，洋算には無かったものであり，「実質としての和算」である。この背景には，次のことがある。

江戸時代のそろばんによる「庶民の数学」は，庶民の文化としての思想を形成していた。明治になり，学校からそろばんが姿を消しそうになったとき，多くの人が「庶民の数学文化」を見直し，日本の数学文化（和算）への愛着に気づき，そろばん存続への思いを強くしていった。そうして，現在に「実質としての和算」の一部が残されたのである。

(2)　3．で述べたように，筆算への切り替えは，算用数字・計算記号の導入や位取り記数法を必要としていった。このとき，当時の日本には，洋算を（文字・記号は採用したが）西洋の言葉そのままに受容するのではなく，悉く日本（和算）の言葉に「翻訳」して受け入れようとする姿勢があった。その「翻訳」の過程に「和算」が大きく関わっている。殆ど日本語だけで西洋数学をも教えるという現在の学校数学教育が確立するまで，「翻訳」が続けられていく。この「翻訳」は「役割としての和算」であると言ってよい。その姿は直接には見えにくいものかもしれないが，現在の学校数学教育の中に和算的なものとして大きく残されていると考えられる。

(3)　現在の算数・数学教育には，このような和算の二つの側面に見られる文化性の認識が欠けている。このような視点からこれを見直し，和算的なもの（二つの側面を含むが，それだけには限られない）やその文化性を再認識することが今要るのではないか，と考える。

　本節において，和算の二つの側面等を明らかにすることにより，明治の算術教育の面貌を捉えた。次は，このような和算教育と洋算教育との相克が，後の近代日本あるいは現代日本の学校数学教育への流れの中で，どのような変遷をたどり現代にどのような影響を及ぼしているのかを具体的に検討したい。さらに，狭義の和算に関わる数学との関係から，特に中等教育における近代日本の数学教育の面貌を捉えていきたい。

第4章 日本の数学教育が形をなす時代の「受容」

第1節 日本の数学教育が形をなす時代における西洋数学の「輸入」と「受容」

要 約

　伊東（1987）の世界に文化圏ごと複数存在する数学の相互連関に関わる見解を述べた。この見解を基に，日本の数学教育が形をなす時代における西洋数学の「輸入」と「受容」について検討し，次のように考えた。

　和算の伝統を持つ日本に，幕末から西洋数学が「輸入」されていった。算術および初等代数学の初歩は，比較的早く明治初頭には，「和算の洋算化」によって，「受容」された。初等代数学は，「洋算の和算化」（数学術語統一の動き，翻訳書の充実，教科書の整備など）を経て，明治中期頃から，「受容」されていったとみることができる。

1．本章のはじめに

　本研究の中でこれまでに，数学の歴史展開を有機的全体として捉え，そこにみられる文化性を明らかにすること，そして，この視点をわが国の数学教育の歴史的な展開に適用することによって，現在の算数・数学教育が抱える問題を明らかにすることを目指してきた（伊達，2006・2007a・2007b）。

　その過程において，現在高校数学の基盤をなす代数表現の取り扱いが，果たして，その代数表現の文化的価値を生かすものになっているのか，などの課題が浮かび上がってきた。前章においては，現在の学校数学における代数表現の意味や意義を文化的視点から捉え直すために，高校数学の基盤をなす

代数表現が，どのように形成され発達したのか，また，わが国が洋算を受容する際にそれらをどのように取り入れたのか，という経緯の一端に迫った（伊達，2008）。

本章では，日本の数学教育が形をなす時代について，先に述べた代数表現に関わり中等教育に関わる内容である西洋数学，特に初等代数学の受容に焦点を当てて，当時の数学および数学教育の様態を明らかにしていきたい。

2．日本の数学教育が形をなす時代の様態概要

伊東（1987）は，世界の数学史の全体構造において，次のような見解を示している。

> 「世界に文化圏ごと複数存在する数学はそれぞれ独自の性格を持ち，ある時期にある文化圏の数学が，他の文化圏の数学に影響を及ぼしたこと，さらには他の文化圏の数学を作り出したことさえある。しかし影響を受けたにも関わらず，これらの文化圏の数学が依然それ自身の独特な性格を持つことには変わりはない。すなわちその影響を自らの文化的地盤において消化し，独自な数学を形成していったのである。」（伊東，1987，pp.1-29の筆者による要約）

ここでの「ある時期」を幕末，「ある文化圏の数学」を西洋数学，「他の文化圏の数学」を和算（日本の数学）に置き換え，「影響を受けること」を「輸入」（及び「伝習」），「その影響を自らの文化的地盤において消化すること」を「受容」と言うことにすると，日本の数学教育が形をなす時代の様態概要は次のように言うことができる。

和算の伝統を持つ日本に，幕末から西洋数学が大きく影響を及ぼしてきた。本格的には開港（1858）以降，西洋数学が「輸入」（及び「伝習」）されていった。「輸入」は，主には文字媒体（書物）によるものである。開港直前の1855年から約4年間の限られた期間ではあるが，長崎海軍伝習所において，西洋数学が「伝習」された。「伝習」は，主には西洋人（オランダ人）の教授によるものである。「輸入」はその後も明治中期に至るまで続いていき，「輸入」（及び「伝習」）された西洋数学は，和算との関係を持ちながら

も，次第に和算を排斥していく方向で，日本の数学研究と数学教育の中に「導入」されていった。算術および初等代数学の初歩においては，比較的早く明治初頭には，和算の表現が洋算の表現に「変換」された。さらに，多くの西洋数学書が「翻訳」されていくようになった。「翻訳」の際用いられた西洋数学の術語には，和算の言葉，中国訳の言葉，新訳語などがある。その後，東京数学会社を中心とした，数学術語統一の動きが起こる。次第に，翻訳書は充実していき，教科書も整備されていった。そのような過程の中で，算術及び初等代数学は，日本の文化的地盤に消化されていった。算術及び初等代数学の「受容」の指標を，形式的な「変換」や単なる「翻訳」ではなく，西洋数学の意義を捉えた，日本人独自の日本語の「教科書」の完成に置くことにすると，算術及び初等代数学は，明治30年頃，「受容」されたとみることができる。

以降，「輸入」(及び「伝習」)，「導入」，「変換」，「翻訳」，「受容」などの語句の区別を意識しながら，日本の数学教育が形をなす時代の様相を詳しくみていく。

まず，長崎海軍伝習所における西洋数学の教授内容を明らかにしていくことから始めたい。

3．長崎海軍伝習所にみる西洋数学伝習の様態

1853年ペリー来航後，国防が緊急の課題となった。間もなく1855年長崎海軍伝習所が設けられた。長崎海軍伝習所における伝習の目的は，海軍士官の養成，蒸気船での航海を可能にする航海術を習得させることに焦点化されていた。伝習の期間は1～2年であり，実技訓練など数学以外の伝習もかなりあったことなどから，数学の教授にはそれほどの時間が割かれなかったと見られる。また，教授される数学は航海術に必要な範囲であるとはいえ，当時殆ど全く洋算の素養のなかった幕臣が，オランダ語でいきなり数学の教授を受けたとみられ，その習得には困難があったであろうことは察せられる。残されている史料の中には，例えば伝習生のノートの三角関数に関する記号代数表現に及ぶものなども見られる。これが半年1年前までは算術も代数も何も知らなかった青年伝習生の書いたものであると考えると，当時相当の苦労があったことも伺える。

一方，長崎海軍伝習所における数学の教授内容をみると，その殆どはそれまでに和算で扱われていた内容である。だから，和算の素養のあった，後の咸臨丸航海長，小野友五郎などにとっては，教授内容の習得は比較的容易であったとも考えられる。しかし，和算の素養のある伝習生が習得した数学は，加減乗除の算術・比例・分数・開平・開立・算術問題の解き方・対数・三角法の初歩までであり，幾何学や微積分などは含まれないものであり，内容的にも西洋数学の初等的で技術的な一部であったと言える。
　以上のことから，次のように考えられる。長崎海軍伝習所では，蒸気船での航海を可能にする航海術に必要最小限の数学が教授された。伝習生には程度の違いこそあれ和算の素養があり，算術の初歩に関する内容については，代数的表現の簡単な変換で比較的容易に習得できる部分も少なくはなかったであろう。対数や三角法については，公式の意味や関係がわからなくても，その式や表を用いて，必要な各量の値などが導き出せればよかったという面も考えられる。長崎海軍伝習所にみる西洋数学伝習の様態は，航海術に必要な範囲の西洋数学の一部の内容を伝習され，共通する和算の内容を西洋の文字や記号を使った代数的表現に変換することによって形式的に習得したものであると考えられる。
　次に，西洋数学の「輸入」に焦点を当てて，当時の数学研究及び数学教育の様態を考察していきたい。

4．幕末における西洋数学輸入の道

　1858年の日本の開港以来，西洋数学の輸入が本格的になったが，それよりも前すでに洋算はある程度までわが国に入っていた。西洋数学輸入の第一の道は中国の書物を通じて間接的に開かれたものであり，第二の道は長崎から入るオランダ書によって開かれたものである。このような西洋数学の輸入は，従来の和算家たちにも少なからぬ影響を与えたものと思われる。安島直円は球面三角法を取扱い，また対数の理論を考案した。会田安明もまた対数の理論を非常に簡明に説いている。また，正弦函数の級数展開から正弦の値を取り扱ったものがある。
　開港以前においては，蘭学や航海や国防などの方面に関心を寄せた和算家はともかく，一般の和算家たちは洋算の価値はあまり認めていなかった。天

文暦術や測量など応用方面の数学は，西洋の方が日本よりも進歩しているが，純粋の数学になると，日本の方がはるかに西洋に優っている，というのが大方の和算家の意識であったと思われる。

4-1．西洋数学輸入第一の道

（当小節から第5章に亘り，明治の文献の引用が多くなるが，筆者が旧漢字を現代の漢字表記に変換している箇所があることをここでお断りしておく。）

小倉（1956）によると，雑誌『数学報知』第89号（1894年5月）に，長崎海軍伝習所の伝習生であった小野友五郎が40年後の会合の席で語った当時の思い出が，次のように記載されている。

「西洋算術が我邦に渡ってきたのは何の頃かといふと，それは安政年中に，旧幕府に於て船乗りの稽古，蘭人を呼んで長崎に於て船乗りの稽古を致しました。それが，安政二年かと覚へます。丁度四年五年に渡って済みました。其伝習といふものは只今の東京昔の江戸，江戸の築地に教授所が出来て，其船乗りの稽古を教へえたものでございます。……手前はその時洋算を教えられた一人でございます。石筆で以て致すのも蘭人，船体を説明して教へたのも蘭人。そこで支那人の作った『代微積』といふ書物があります。そこで手前などが稽古して，蘭人から受けたところの言葉で申すと，其の代数といふものは，ホーベル・アルゲブラと申す。手前の習ひましたのは，ホーベル・アルゲブラ，それからヂヘレンシャーレ・アルゲブラが微分，インテフラールが積分でございます。」
（雑誌『数学報知』第八十九号，一八九四年五月）。（小倉，1956, pp.165-166）

この記述から，小野は，当時オランダ人から代数・微分・積分を学んだことと，その後築地に来てから『代微積』という中国の数学書を研究したことがわかる。

ここでは，中国の数学書に焦点を当てていきたい。『代微積』という中国の数学書は，イギリスの宣教師アレキサンダー・ワイリー（中国名：偉烈亜力）と中国の数学者李善蘭が協力して書いた1859年の書物『代微積拾級』で

ある。この二人による書物は他にも色々とあり，代表的なものとしては『幾何学原本』7巻～15巻（1857）や『代数学』（1859）等がある。また，アレキサンダー・ワイリー（中国名：偉烈亜力）は1853年に算術書『数学啓蒙』を著わしている。当時これら中国の書物には翻訳物が多くあった。『代数学』（1859）はイギリスのド・モルガンの『初等数学』（1835）の翻訳，『代微積拾級』（1859）はアメリカのルーミスの『解析幾何および微積分』の翻訳であった。小倉（1956）によると，洋学者神田孝平はこの『代微積拾級』（1859）を写し取っている。また，後の海軍中将中牟田倉之助の日記には，中牟田が上海で『数学啓蒙』，『代数学』，『代微積拾級』，そのほかの科学書を買い入れた，という記述もある。日本人が西洋数学を学びだした頃から，こういった数学書が日本語で出版されるようになる明治15年頃まで，オランダの書物のほかに，中国語訳の数学書が，西洋数学を受容する際の参考書として大きな役割を果たしていたと言える。

さらに，小倉（1956）によると，「代数」，「函数」，「微分積分」という言葉は，『数学啓蒙』（1853）の序文の中に，初めて出てきている。これら現在日本の学校数学の基礎的数学用語の多くは（1607年から使われている「幾何」も含めて），中国から伝わったものである。西洋数学の用語が中国語の訳書を通して輸入され，その訳書で使用された用語が日本語の訳語とされた，と言うことができる。

これが，先に述べた西洋数学輸入の第一の道であり，現在の学校数学に，直接的にも間接的にも大きな影響を残している。

4-2．西洋数学輸入第二の道

長崎海軍伝習所設立から4年後の1857年，永井尚志総督以下の第一期伝習生とスンビン号を江戸に回航し，伝習生の多くは江戸築地の海軍教授所に移され，実質的な教練もそちらに移された。2年後の1859年には，海軍教授所は閉鎖され，勝海舟が教授方頭取となり，御軍艦操練所に改称された。この御軍艦操練所は，明治元年（1868年）に設立された海軍兵学校の前身となったものである。1862年には，陸軍ではフランスの軍制を学ぶことになり，それに伴ってフランスの西洋数学も入ってくることになった。同年，幕府の開成所でも，数学局を設けて，洋学者神田孝平達が西洋数学を教えることに

なった。民間では，1863年，近藤真琴が「蘭学，洋算及び航海術」の塾を開いた。そこで使われた数学書は，オランダから輸入されたものなどの原書が主なものであり，扱われた内容は「算術」，「代数」，「幾何」，「三角法」，「微積分」，「初等数学を含む航海術」であった。

　小倉（1956）によると，日本語で書かれた西洋数学の本は，明治以前に刊行されたものは二つしかなかった。柳河春三『洋算用法』（1857）と伊藤慎蔵『筆算提要』（1867）であり，共に蘭学系統の洋学者によるものであった。『洋算用法』は初めての（洋）算術書であるが，『筆算提要』は初めての代数書である。小松（1990）によると，『筆算提要』は，縦書きで算用数字を用いず，当時数字を知らない人々にも最も分り易くしようと工夫した，幕末唯一の代数書であり，対数にも触れた貴重書である。

　これが，先に述べた西洋数学輸入の第二の道であり，現在の学校数学に，直接的にも間接的にも大きな影響を残していることは言うまでもない。

4-3．幕末の数学に関わる状況

　幕末には，このように軍関係者と洋学者という二通りの若者が，西洋数学を学び始めた。ただ，彼らが西洋数学を学び始めた理由は，西洋の航海術，生産技術や戦術を学ぶために必要だからということだけであったと考えられる。洋算が和算よりも優れていることを認識してのものではなかったし，むしろ実際は西洋数学の価値をよく知らなかったと言ってもよい。例えば，小倉（1956）によると，伊藤慎蔵『筆算提要』（1867）に次のような記述がある。

> 「方今世ニ流布スルモノヲ閲スルニ，其方術，算盤算籌ノ如キ器械ヲ要セザル者ナシ。而シテ西洋方今ノ算法ニ於イテハ，天文暦学ノ算定ト雖モ亦一筆ヲ以テ足レリトスルコト，実ニ捷便ヲ極メタリト謂フベシ。今此編ノ本旨トスル所，即チ此方技ヲ同志ニ示スニ在ルコト，題号ニ明カナリ。」（小倉，1956，p.173）

　伊藤はこの書物で算術から代数の初歩を説いているが，この記述からも分かるように，ただ西洋の筆算がそろばんや算籌（算木）などより便利だからこの書物を書くというだけであった。また，「a, b, c」に「い，ろ，は」の字を，

「x」に「も」の字を充てたりなど，文字と記号をわざわざ日本風に書き直していることなどからも，この頃は，西洋数学の本質とりわけ算術・代数への発展性などはよく理解してのものではなかったのではないかと察せられる。

当時の和算家に目を向けると，和算家の間にも，航海術や測量などに関心をもつ人たちがだんだん多くなってきたとはいえ，生粋の和算家など多くの人は，西洋数学は学ばないで本格的な和算の研究を続けていたようであり，西洋数学の価値を非常に低く解釈していたようである。萩原禎助『円理私論』(1866) など多くの優れた和算書が出されるなど和算家の活躍がある一方で，陸海軍の方では，和算家を見捨てて，全く新しい洋算家，あるいは洋学者を採用したのである。幕末の数学に関わる状況はこのようなものであった。そして，明治維新に入り，和算家が後退する時代を迎えることになる。

5．明治初期における西洋数学導入の様態

5-1．明治初期の数学関係者

明治初期の数学はどのような状態であったのか。

小倉 (1956) は，当時の数学関係者を次の5種に分類している。

(1) 和算家
(2) 和算から洋算に転向した人
(3) 陸海軍関係者
(4) 洋学者
(5) 西洋人

小倉 (1956) によると，この時代は，本当の西洋数学専門家などは育成されなかった一方，これから新しく和算を研究しようとする人たちも現れなかった。

(2)の和算から洋算に転向した人たちは，相当深い和算の素養をもって容易に，算術など西洋数学の初歩を学び取ることができた。和算の代数（点竄術）から，西洋の代数に移るのも比較的容易であったと考えることができる。

(3)の陸海軍関係者と(4)の洋学者も，ある程度（広義の和算）の素養はあったであろうから，洋算の初歩については比較的容易に学び取ることができた

と推察できる。(3)の陸海軍関係者には数学に優れた人も多く，後に数学や数学教育に大きな影響を及ぼしている。そして(4)の洋学者は，明治初期において，洋算の普及のために非常に大きな役割を果たしたといえる。

(5)の西洋人は，物理化学，工業技術や法律などに大きな役割を果たした。ただ，日本には和算という文化があったため，数学への彼らの役割については，明治初期においては比較的軽かったと言える。

5-2．「学制」頒布前の数学とその教育の様態

明治5年（1872）に「学制」が頒布された。それ以前の数学関連の状況に触れると，まず幕府の開成所は幕末の混乱時に閉鎖され，明治2年（1869）になって大学南校として復活した。そこでは，西洋人と共に日本人も数学を教えた。明治3年（1870）の数学局分課表によると，課目として，加減乗除，分数術，比例法，開平開立，対数用法，代数学，幾何学が挙げられている。翌明治4年（1871）10月から，教師は殆ど全部西洋人のみになる。英語の組，仏語の組，独語の組があり，課目は，算術，幾何，代数であった。

「学制」頒布前，進歩的な藩では，洋算を採用し始めた。小倉（1956）によると，明治3年（1870）開設の静岡小学校では，算術は開平開立までやり，課外としては，級数と対数表用法を教えるような課程表が示されている。郡山の藩校では初等代数までやったようであり，山口藩では度学（幾何学）を課する規定が示されている。明治初年から，いくつかの藩校では西洋数学を教えたことは事実であるが，変則的であり系統的な教授ではなかったようである。現在の数学教育につながる本流は別の所にあると見なければならない。

「学制」頒布前，日本の最高の数学教授は，沼津兵学校で行われた。小倉（1956）によると，沼津兵学校は，明治元年（1868）12月から明治5年（1872）5月までという短期間の存在ではあったが，そこでは当時数学者としても一流の教師が数学を教授し，数多くの有力な数学者を輩出している。数学教師の中には，長崎とオランダで航海術を学んだ赤松則良や長崎海軍伝習所に学んだ塚本明毅らがいた。出身者の中には，後に陸軍中将となった中川将行などがいる。数学教官の中に，開成所組の俊秀であった神保寅三郎がいる。小松（1991）によると，神保はフランス語が得意であったらしく，エ

スマン仏国陸軍（Esmein）著，神保訳『数学教梯』(1873)，著者不明『三角術』(1873)，伝蘭稚訳，神保訓点『代数学』(1875)，集成舎（沼津中学）神保閲『代数要領』(1875)，等多くの著訳書がある。二期資業生であった神津道太郎は，明治8年（1875）に『筆算摘要』(Robinson, Progressive Practical Arithmetic の訳)，明治10年（1877）に『続筆算摘要』(Robinson, New Elementary Algebra の訳) を著した。これは後に標準教科書になったものである。

「学制」頒布前，民間にも洋算を教える塾があった。海軍関係の近藤真琴の攻玉塾（後の攻玉社）では，航海術や数学を教えた。小倉（1956）によると，明治4年（1871）の課程では，三角法にジーンスの書物を用いた外は，算術から微積分まで皆，アメリカのデヴィースの本を用いたようである。攻玉社からは，有力な海軍の軍人，航海・工学方面の人材や，中学校数学教師などがたくさん輩出されている。

また，小倉（1956）によると，福田理軒の順天求合社では和算と洋算の両方を教え，明治4年（1871）の課程には，算術から微積分までが書かれている。小倉（1956）は，福田理軒が和算と洋算を眺めた態度に関して，『筆算通書』(1871) の序文の次のような箇所を取り上げ引用している。

> 「童子問テ曰ク，皇算洋算何レカ優リ何レカ劣レルヤ。曰ク，算ハコレ自然二生ズ。物アレバ必ズ象アリ。象アレバ必ズ数アリ。数ハ必ズ理ニ原キテ其術ヲ生ズ。故ニ其理万邦ミナ同ク，何ゾ優劣アラン。畢竟優劣ヲ云フ者ハ其学ノ生熟ヨリシテ論ヲ成スノミ」（小倉，1956，p.181）

そして，小倉（1956）は彼のことを次のように評している。

> こういう折衷的な態度で，洋算と和算の両方を教えた福田理軒のような人は，真の洋算家になり切れなかった，和算からの転向者の代表的な一人でありましょう。（小倉，1956，p.181）

この小倉の評が適切なものかどうかはともかく，これらのことから，順天求合社の主要教科とされた数学において，和算と洋算との峻烈な主導権争いが展開されていた様相の一端を伺うことができる。福田理軒は後の東京数学

第 4 章　日本の数学教育が形をなす時代の「受容」

会社にも和算家として関わることになる。
　この頃，有力な藩校でも洋算が行われていた。金沢藩の関口開についても少し触れておきたい。小倉（1956）が引用している『関口開先生小伝』（1919）には，明治 3 年（1870）頃の次のような様子が書かれている。金沢藩は所々に小学校を設け，学科を読書，習字，洋算の三部に分け，各部専門教師が教授した。洋算教師は一同集会して，教授方法等に付き合せをした。その頃は洋算の翻訳書がどこにもなく，洋算教師は随分苦労した。関口先生が少しずつ訳されたものを謄写し，教授用書として使っていった。明治 4 年（1871）に洋書直訳の数学問題集が出版となったが，問題の度量衡や貨幣は英国の通用で，わが国日常には適用しないものであった。このように記述されているが，これが，学制頒布直前の，最も進歩的で有力な藩校での洋算教授の状態であったようである。
　関口開は，洋書直訳の数学問題集の内容を改善し，明治 6 年（1873）に

数学稽古本（つづき）	1 冊	明治 3 年（1870年）
平三角	1 冊	明治 4 年
測量	2 冊	明治 5 年
弧三角	1 冊	明治 5 年
航海暦用法	1 冊	明治 6 年
微分術	1 冊	明治 7 年
答氏微分術訳	2 冊	明治 7 年以降
微分術附録	1 冊	明治 7 年
答氏弧三角術抄訳	1 冊	明治 8 年
答氏平三角術抄訳	3 冊	明治 8 年―12年
答氏幾何学	5 冊	明治 9 年―13年
答氏積分術	2 冊	明治 9 年―11年
代数学	5 冊	明治 10 年以降
答氏円錐形截断術	2 冊	明治 10 年―12年
答氏静力学	1 冊	明治 14 年

図12：関口開の原稿本（松原，1985，p.7）

『新撰数学』を出版した。これは，塚原明毅『筆算訓蒙』(1869) や神田孝平『数学教授本』(1870) と並んで，わが国の後の数学教育に大きな貢献をしたものである。関口開の著書には他に『算法窮理問答』(1874)，『幾何初歩』(1874)，『点竄問題集』(1876)，『幾何初学例題』(1880) がある。松原 (1985) によると，原稿のままで出版されず，稿ができるのを門人たちが先を競って転写して教科書としたものは，図12（前頁）の通りである。

関口開は，先述した(2)の和算から洋算に転向した人であるが，金沢の方では洋算の開祖とも呼ばれ，洋算の普及に貢献した。彼の門人の中からは，中等教育への奉職者はもちろん，旧制高等学校や大学の数学教師・数学者が数多く輩出されていることでも知られている。

5-3．「学制」頒布後から明治10年代までの数学とその教育の様態

明治5年 (1872) に「学制」が頒布された。学制頒布後の中学校と大学について見ておきたい。規定の上では，中学校を2つに分け，14歳からの下等中学が3年，上等中学が3年となっている。その課程は，下等中学では，算術の全部，代数は最大公約数まで，幾何は内接多角形までとされていた。上等中学では，代数は方程式から比例および級数（普通の初等代数の終わり）まで，幾何は平面および立体幾何，そして三角法とされている。小倉 (1956) によると，教科書としては，大部分が，洋書がそのまま使用されていたようである。

明治10年代の数学は，まず，明治10年 (1877) 9月に組織された数学専門の学会「東京数学会社」に目を向けなければならない。明治17年 (1884) に「東京数学物理学会」と改称されるまで活動した。小倉 (1956) によると，明治10年 (1877) 10月の会員は117名であったが，東京数学会社の中の有力な人には，次のような人がいた。和算家または和算から出た人としては福田理軒ら，海軍または陸軍関係者としては中川将行ら，文部省または官立学校関係の人としては神田孝平らである。社長の一人であった神田孝平は，幕末における洋算の先覚者でもあった。東京数学会社は，明治10年 (1877) 11月から明治17年 (1884) 6月まで『東京数学会社雑誌』を出した。この雑誌の上で，問題を解きあった。その問題は，洋算ばかりではなく，和算の問題も少なくなく，互いに難問を提出して，これを解きあう，また，和算の問題を

洋算で解く，このような研究が行われていた。

東京数学会社に関わるものとして，訳語会の活動に注目していきたい。明治10年代前半には，数学の述語が一定しておらず，不統一を極めていた。その主な理由としては，その当時使われていた西洋数学の術語には，次の3通りの起源があったことが考えられる。

① 和算からきた言葉（算術，加減乗除，比例など）
② 中国訳の西洋数学書からきた術語（幾何学，代数，函数，微分，積分など）
③ 洋学者や洋算家が新しく使い出した言葉（新訳語）

当時この3通りの言葉が混合しており，特に新訳語を中心として不統一を極めていたと言える。例えば，現在統一されている「直角三角形」は，当時「正三角形」と書かれていたり，「勾股形」，「直角三角」，「直三角形」，「直三角」などと様々に呼ばれていた。明治13年（1880）に，海軍教授の中川将行が率先して，訳語を一定する案を東京数学会社に提出した。訳語統一は無理，自然にまかせよといった反対を退け発足した訳語会はその後永く続けられた。一例を挙げる。明治15年（1882）の会合では，中川将行が草案者となって，次のような決定をみた。

決定した訳語	原案（中川将行の案）	提出された他の案
公理	格言	公論，公則
単位	なし	程元，率，度率，数礎
数学	数学	数理学，算学

このうち，「公理」と「単位」の提案者は岡本則録である。決定した訳語は，岡本則録の提案によるものが多かった。岡本則録は，和算の伝統から出て，後には原書で西洋数学を学んだ人であった。訳語会は，数学術語の統一に大きく貢献した。この訳語会の流れから，明治22年（1889）には，藤澤利喜太郎によって『数学用語英和対訳字書』が出版されるに至った。

次に，その頃の数学書の記載形式の整頓について触れておきたい。現在の数学書といえば，左起横書きであるが，これは数式の書き方とも調和して統

一が取れているということは言うまでもない。数式だけの横書きは『洋算用法』(1857) 以来続いていると言える。日本で最初の左起横書き数学書は，荒川重平・中川将行共訳『幾何問題解式』(1879) であるが，その形式はしばらく途切れた。ずっと遅れて，明治20年 (1887) の長澤亀之助訳『スミス初等代数学』や明治21年 (1888) の菊池大麓の『幾何学教科書』の出版された頃から，左起横書きが徐々に普及し始めたようである。

　この章の終わりに，明治10年代の西洋数学書の傾向について触れておきたい。その頃は翻訳の全盛期といってもよい。対象もアメリカのロビンソンからイギリスのトドハンターへと移っていった時期である。訳文も体裁も徐々に洗練されていき，明治15年 (1882) 頃からは洋装本になっていった。当時の西洋数学書を発行した主な所としては，文部省，民間では，近藤真琴の攻玉社，川北朝鄰の数理書院が挙げられる。ここで，トドハンターの訳を多数，主には川北朝鄰の数理書院から出版した長澤亀之助の仕事が注目される。トドハンターの訳だけでも，明治14年 (1881)『微分学』，明治15年 (1882)『積分学』，明治16年 (1883)『代数学』，明治17年 (1884)『宥克立 (ユークリッド)』，明治17年 (1884)『論理方程式』などが挙げられる。

第2節　算術・初等代数学の「受容」

要　約

　本節では，中等教育の数学内容について，算術・初等代数学の受容と和算との関係性から考察した。幕末において，西洋数学の輸入が本格的になった。西洋数学の質的な輸入は，まず，算術および初等代数学の初歩に関わる内容について行われた。明治10年 (1877) 代には，東京数学会社訳語会の活動を中心とした数学の術語を統一する活動と翻訳書整備の進行とが相俟って，和算には無かった西洋数学の内容においても質的な輸入がされていった。明治20年 (1887) 頃，翻訳書も充実していき，中等教育の教科書 (訳本ではないもの) が整備され始めて，初等代数学についてはその意義に関わるところにおいても受容が始まった。そして，初等代数学は，「洋算の和算化」(数学術語統一の動き，翻訳書の充実，教科書の整備など) を経て，明治中

期頃から,「受容」されていった。明治20年代の藤澤利喜太郎においては,「初等代数学」の「受容」がなされていたものとみることができる。日本の数学教育の中での「算術」と「代数」の区別とそれぞれの役割を明確にし,「算術」と「代数」との接続を強く意識していた。藤澤が「初等代数学」の「受容」の過程でそのような意識を持ったことには,日本に和算の伝統があったことが深く関与していることが考えられる。藤澤は,西洋数学を「受容」する前の,日本の文化的基盤として「和算」を捉えていたからである。藤澤の算術及び代数は,和算という日本の文化的基盤を考慮して,その中に西洋数学を取り込んでいる,即ち,西洋数学を受容しているということができる。

---

1. 明治中期における初等代数学の受容様態

ここでは,これまでにみてきた幕末から明治初期までの西洋数学の輸入・導入の概略を押さえたうえで,明治中期における初等代数学の状態はどのようなものであったかをみていきたい。

1-1. 長澤亀之助訳『スミス初等代数学』

明治20年（1887）に出版された長澤亀之助訳『スミス初等代数学』は,先に述べたように日本で最初の左起横書き数学書として意義深いものである。

まず,第一編・定義1を次に引用する。

> 代数学ハ諸ノ数ノ関係ヲ論ズル学科ナリ.
> 算術ニ在リテハ数ヲ顕ハスニ数字ヲ用ヒ此数字ハ一ツノ意味ヲ有シ而シテ唯一ツニ限ル.
> 代数学ニ在リテハ,数ヲ顕ハスニ数字又ハ羅馬字母ヲ用フ.
> 算術ニ於テ任意ノ一数ニ他ノ任意ノ数ヲ乗ズルトキハ其結果ハ後ノ数ニ始メノ数ヲ乗ジタノト相同ジキコトヲ証明セリ. 若シ二数ヲ二ツノ字母 a ト b ニテ顕ハストキハ上ニ述ベタル数ノ性質ハ $a \times b = b \times a$ ニテ顕ハサル可シ而シテ<u>字母ヲ用フルガ為メ一ノ事項ノ陳述ヲ簡略ニスルコトノ利益ハ顕然タリ</u>.

代数学ニ於テハ，各字母ハ任意ノ数ヲ顕ハスモノトスルコト通例ナレ
　　ドモ一種ノ演算中ニ於テハ通ジテ同数ヲ顕ハスモノトス可キコト勿論ナ
　　リ．(長澤訳，1887，p.1) (下線は筆者による)

　この記述において，記号代数学の基本である，用いる文字の意味と文字式
の簡便性が明示されている。長澤 (1887) は，この書第一版の序において，
このスミス代数学の原著の妙味を次のように評している。

　　　第一に，原理の説明を簡単明白にせしこと，即ち代数学の基本の演
　　算，加減乗除の定則，並に其符号の定則を明かに示すこと，
　　　第二に，加減乗除の演算の次に直ちに一次方程式を載せ，代数学の用
　　を初学者に早く知らしめ倦怠が生ぜざる如く注意せしこと，
　　　第三に，(以下略) (長澤訳，1887，第一版の序)

　この記述からは記号代数学の意義に関わるスミスの編集意図は認められる
ものの，筆者の見たところでは，この書全体を通して，記号代数学の意義が
直接的かつ明白に述べられている箇所はなかった。

1-2．澤田吾一『中等代数学教科書　上巻』

　明治30年 (1897) 頃になって，訳本ではない日本の中等教育の教科書が出
版されるようになる。澤田吾一『中等代数学教科書　上巻』(1897a) の緒言
には，次のように書かれている。

　　　本書ハ尋常中学校及ヒ尋常師範学校等総テ中等教育ノ教科書ニ当ツル
　　目的ヲ以テ編纂セルモノナリ．従来我国ニ於テ最多ク採用セラレタル代
　　数学ノ英書ハ「トドホンター」氏代数書 (大小) 及ヒ「スミス」氏代数
　　書 (大小) トス．然レドモ今日我国中等教育ノ教科書トシテ其大ハ大ニ
　　過ギ其小ハ小ニ過グルハ一般ノ通観ナリ．仍テ此四書ト「ホール及ナイ
　　ト」氏代数書トヲ折衷シテ本書教旨ノ基礎トセリ．(以下略) (澤田，
　　1897a，緒言)

この記述において，中等教育の教科書に当てる目的と参考にした著書が明示されている。先に取り上げた『スミス初等代数学』も参考にしていることがわかる。
　次に，第一編・定義1を引用する。

　　　代数学ハ算術ノ如ク亦数ヲ論スル学問ナリ．算術ニ於テハ数ヲ表スニ数字ヲ以テス，然ルニ代数学ニ於テハ数ヲ表ハス記号トシテ文字ヲ用キ又之ト数字ヲ混用ス．
　　　之ニ用イル文字ハ　a，b，c，……，x，y，z　ナリ．然レドモ稀ニハ　A，B，C，……，α，β，γ　ヲモ用ヰル．各文字ハ一般ニ任意ノ数ヲ代表スルモノトス．然レドモ相連続セル演算中ハ同ジ文字ハ同ジ数ヲ表ハスモノトス．
　　　如何様ニ文字ヲ用ヰルカニ就テ一例ヲ示サン．算術ニ於テ，「一ツノ数ニ他ノ二ツノ数ヲ順々ニ掛ケテ得タル結果ハ，其第一数ニ第二数ト第三数ノ積ヲ掛ケテ得タル結果ニ等シ」ト云フコトアリ．代数記号ニテ示セハ「a × b × c = a × (b × c)」ト書セハ足レリ．便益アルコト昭カナリ．（澤田, 1897a, p.1）

　この記述において，『スミス初等代数学』と同様に，記号代数学の基本である，用いる文字の意味と文字式の簡便性が明示されている．しかし，筆者の見たところでは，この書（上巻）及び下巻全体を通して，『スミス初等代数学』と同様，記号代数学の意義が直接的かつ明白に述べられている箇所はなかった．

1-3．藤澤利喜太郎『初等代数学教科書　上巻』
　明治31年（1898）に出版された藤澤利喜太郎『初等代数学教科書　上巻』（1898a）は，明治32年（1899）2月文部省検定済尋常中学校数学科用教科書となったものである．その緒言において，次のように述べている．

　　　本書ハ余ガ明治二十二年ヨリ同二十五年ニ至ル三年間自ラ初等代数学ノ授業ヲ担当セル当時立案セル草稿ヲ骨子トシ算術ニ連続スル様ニ編纂

セルモノナリ
　負数分数ニ係ル計算ノ意義法則ハ全ク規約ヨリ出ヅルモノナルコト数学者多年ノ研究ニヨリテ既ニ確定シ疑ヲ挟ムノ余地アルコトナシ，負数分数ヲ説クニ苟安姑息ノ説明ヲ以テシ，却テ初学者ヲシテ無益ノ困難ヲ感セシメ又代数学初歩ト代数学トノ連絡ヲ全ク中断スルノ不可ナルハ事新ラシク述ブルマデモナシ，故ニ余ハ本書ニ於テ負数分数ニ係ル計算ノ意義法則ハ総テ負数分数ヲ正ノ整数ト全ク同ジ様ニ取扱フベシトイフ規約ヨリ出ヅルモノナリト断言セリ，斯ク規約シテ後ニ矛盾撞着スルトコロナキハ即<u>形式不易ノ大原則ノ存在</u>スルトコロナリ而シテ本書ニ於テハ唯ニ規約ヲ明言スルニ止メテ形式不易ノ大原則ヲ説カザルモノハ言ノ長キニ失シ初学者ノ倦怠ヲ来タサンコトヲ慮リタレバナリ
　明治三十年十月東京ニ於テ　　編者識ス（藤澤，1898a，緒言）（下線は筆者による）

この記述において，取り扱った内容が明治20年代からのものであること，そして編集意図として，記号代数学の意義に関わる二つの事柄，すなわち算術との連続性と形式不易の大原則が明確に打ち出され強調されている。
　次に，第一編・緒論1を引用する。

　算術ハ数字ヲ以テ表ハスコトヲ得ベキ格段ナル数ニ就キ計算ノ方法ヲ講ズルモノナルニ対シ，**代数学**ニ於テハ一般ニ任意ノ数ニ就キ相互ノ関係及計算ノ方法ヲ講究スルモノトス，次ニ例ヲ以テ此言ノ意味ヲ説明スベシ
　<u>問題　12ヲ二ツノ部分ニ分チ一部分ガ他ノ部分ノ二倍ニナル様ニセヨ</u>
　答ハ8ト4トニシテ，8ト4トノ和ハ12又8ハ4ノ二倍ナリ，爰に12トイヒ又二倍ノ2トイヒ何レモ数字ヲ以テ表ハサレタル数ニシテ此問題ハ算術的ノ問題ナリ，今12及ビ二倍ノ2ニ換フルニ任意ノ数ヲ以テスルトキハ此問題ハ算術ノ範囲ヲ脱シテ代数的ノモノトナル，此場合ニ於テ問題ハ次ノ如クニ言ヒ表ハサルベシ
　<u>問題　任意ノ与エラレタル数ヲ二ツノ部分ニ分チ一部分ノ他ノ部分ニ対スル比ガ任意ノ与エラレタル比ニ等シクナル様ニセヨ</u>

第 4 章　日本の数学教育が形をなす時代の「受容」

　　此問題ノ中ニハ前ノ問題ノ含マルルコト明カナリ，前ノ問題ヲ解クニハ数字ヲ以テ表ハサレタル数ニ就キ普通算術上ノ計算ヲ実行スレバ可ナリ而シテ答トシテハ矢張リ数字ヲ以テ表ハサレタル数ヲ得ルニ過ギズ，之ニ対シ後ノ問題ノ解ハ，如何ニシテ之ヲ得ルカハ暫ク措キ，総テ前ノ問題ト同種類ノ問題ヲ解ク一般ノ方法ヲ与フルモノナリ
　　算術ニ於テ用キル数字ノミニテハ到底，代数学ニ於テ用フルガ如キ任意ノ数ニ係ル一般ノ関係ヲ表スコト能ハザルガ故ニ，代数学ニ於テハ数ヲ表ハスニ　a，b，c，……x，y，z 等ノ文字ヲ以テス，及此問題ハ次ノ如クニ明確ニ言ヒ表ハサルベシ
　　<u>問題　与エラレタル数 a ヲ二ツノ部分ニ分チ一部分ノ他ノ部分ニ対スル比ガ与エラレタ比　m：n ニ等シクナル様ニセヨ</u>
　　此問題中ノ文字ニ換フルニ数字ヲ以テスル途端ニ問題ハ其一般ナル性質ヲ失フベケレバ，数字ノミヲ以テ此問題ヲ言ヒ表スコト能ハザルヤ明カナリ（藤澤，1898a，pp.1-2）（下線は筆者による）

　この記述において，緒言で述べられた記号代数学の意義に関わる，算術との連続性，文字を用いることの簡便性，さらに一般性について，具体的に例示をしながら明確に述べられている。

1-4．長澤亀之助『解法適用　数学辞書』

　明治38年（1905）に出版された長澤亀之助『解法適用　数学辞書』は，中等教育程度の学生に資するように書かれた8部門からなる参考書であり，数学辞書としてはわが国最初のものである。「辞書の部」の「代数学」の項の説明を次に引用する。

　　代数学：数学ノ斯分科ハ記号ヲ用イテ数ノ関係及ビ性質ヲ推究スルニアリ．数ハ概シテ羅馬文字（字母）ニテ表ハサレ其ノ上ニ施スベキ運算ハ符号ニテ表ハサル．符号ト羅馬文字トヲ代数記号ト称ス．代数学ニ於ケル運算ハ加減乗除，及ビ常数指数ノ冪ニ高ムルコト，常数指数ノ根ヲ取ルコトナリ．代数学ハ又既知数ト未知数トノ関係ヲ代数学ノ通常ノ六ツノ運算（上ニ示セルモノ）ニテ表ハサルル総テノ方程式ノ性質ヲ推究

69

スルコトヲ含ム．斯ノ如キ方程式ヲ代数方程式ト称ス．代数学ノ最古ノ著書ハぢおふぁんとす（Diophantus）ノ代数学ニシテ西暦紀元350年頃ノ作ナリ．

（略）

其ノ他多クノ数学者ノ研鑽ニ依リテ現今ノ代数学ヲ形成スルニ至レリ．西暦1637年ニでかると（Descartes）ハ幾何学ノ研究ニ代数的解析ヲ応用セル大著（現今ノ解析幾何学ノ基礎トナレリ）ヲ出版セシヨリ数学ノ研究ニ新ラシキ一方面ヲ開キ純正代数学ノ進歩ト完成ニ貢献スル所少ナカラズ．

（略）

代数学ハ支那ニテハ四元ト言ヒ我ガ邦ニテハ，モト点竄ト称セリ点竄ハ其ノ以前ニ起源整法ト称セシガ其ノ点竄ニ改メシハ日向延岡ノ城主内藤備後守政樹ノ意ニ出デタリト云フ．（長澤，1905，pp.12-13）

この記述においては，辞書という性格上，一般的な説明に終始し，記号代数学の意義に関わる直接的な記述は見られない。しかし，それは，代数学の形成・発達を概略ではあるが歴史的にとらえており，また，簡単にではあるが和算（点竄）との関係にも触れている。幕末から輸入されてきた初等代数学は，記号代数学に関わる意義なども含めて，明治20年（1887）頃から消化され始め，明治30年（1997）頃には日本の数学研究及び数学教育の中に取り入れられ「受容」は完成したとみられる。

次に，この算術及び初等代数学の「受容」過程と和算との関係を，藤澤利喜太郎『算術條目及教授法』（1895）を基にして詳しくみていきたい。

2．日本の数学教育が形をなす時代の「算術」と「代数」

藤澤利喜太郎『算術條目及教授法』（1895）「第1編　汎論　第7節　本邦ニ於ケル算術ノ来歴」に，次のような記述がある。

<u>旧来ノ和算ガ本邦算術ノ発達上鮮少ナラザル影響ヲ与エシコト疑フベクモアラズ，然レドモ現時ノ算術ニ就キ，和算ノ痕跡ヲ尋ヌルモ，邈乎トシテ索ムベカラズ</u>，蓋シ和算ノ本邦算術上ニ於ケル影響ハ間接ニシ

テ，例ヘバ，西洋ノ算術ヲ本邦ニ伝ヘシコトニ就キテハ，多少和算ヲ心得タル者与カツテ大イニ力ガアルシト云フガ如キモノナラン乎，サレバ，<u>本邦現時ノ算術ハ西洋ヨリ輸入シ来リタル算術ヲ本邦教育ノ状態ニ適合スル様ニ改造セシモノト</u>看做スモ大ヒナル誤リナカルベシ
　　西洋ノ算術ハ，他ノ洋算諸学科ト共ニ，蘭書及ビ支那ノ訳書ニヨリテ初メテ本邦ニ伝ワリシモノナリ，然レドモ長崎時代静岡時代ニアツテハ，洋算ハ洋算トシテ存在シ，僅ニ篤志ノ士ニシテ之ヲ学ブモノニアリシニ過ギズ，普通教育中ノ所謂読ミ書キ十露盤ノ十露盤ハ，尚旧ニ依リ，和算ヲ用ヰ，所謂西洋算術ハ普通教育上其ノ今日ノ地位ヲ占ムル能ハザリシナリ（藤澤，1895，p.44）（下線は筆者による）

ここまでの西洋数学の「輸入」・「導入」についての捉え方は，基本的に本稿におけるものと相違はない。藤沢は，明治20年代当時既に，日本の数学教育に直接的にも間接的にも和算が影響していると捉えている。さらに，日本は西洋数学を輸入しただけではなく，和算が関わる日本の教育に適合するようにそれを改造したものであるという認識に至っていたことがわかる。
　このことに関連する明治中期（明治10年代～20年代）の日本の数学教育の様子の一端をみるため，藤澤利喜太郎『算術條目及教授法』（1895）「第1編　汎論　第7節　本邦ニ於ケル算術ノ来歴」の次の箇所を引用する。

　　著者ガ中学程度ノ算術ヲ学ビタルハ明治七八年頃ナリシ，其ノ頃官立学校其他完備シタル学校ニ於テハ，算術ヲ教ユル大抵ハ原書ニヨレリ
　　（藤澤，1895，p.44）

　　此ノ頃，独，仏語ノ教育ヲ受ケタル人ハ，勿論独，仏ノ書物ニヨリテ算術ヲ学ビタルナリ，
　　　　　　　　　（略）
　　ろびんそん算術書ノ最モ盛ンニ行ハレタルハ明治十年前後ノ頃ナリシ，其ノ後此ノ書ノ不完全ナル訳書モ亦漸ク世上ニ流行スルコトトナレリ，訳書ノ不完全ナルハ，訳者其ノ人ノ罪ニアラズシテ，当時避クヘカラザリシ事情アリシニ因ル，算術ノ一大目的ハ日常計算ニ習熟セシメ併

セテ生業上有益ナル知識ヲ与フルニアリ，原書ノ価値ハ実ニ焉ニアリテ存ス，然レドモ其ノ価値アルハ，米国人ノタメニ価値アルノ謂ニシテ，之ヲ邦語ニ訳ストキハ，折角ノ価値ヲ失フトコロ少ナカラズ，然ラバ本邦ノ事実ヲ以テ之レヲ補ハンカ，当時本邦ニアツテハ万事漸ク緒ニ就カントスルノ時ニシテ，百般ノ制度ハ未タ整頓セズ，之ヲ補ハントスルモ，恰好ノ材料ナキヲ如何セン，サレバ，訳書ノ恰モ原書ノ肉ヲ剥キデ其ノ骨ヲ取リタルガ如キ趣キアルハ，時勢ノ然ラシムルトコロ，亦是非モナキ次第ナリ（藤澤，1895，pp.47-48）

　ここでは，算術教育において，原著による段階から訳書による段階へと移ったこと，訳書が日本に不適当であったこと，その理由としての日本の明治初期の国内的事情が述べられている。輸入した西洋数学及びその訳書が日本に不適合であるという認識の下，藤澤は，わが国に適合する算術教育を構想していく方向に向かう。藤澤は，次のように続ける。

　算術ハ以上陳述スルガ如キ有様ニ於テアリニシ係ハラズ，本邦ニ於ケル算術ト代数トノ区別境界ハ当時既ニ確定セルモノノ如シ，東京数学会社ナルモノハ当時ニアツテ本邦著明ノ数学者及ヒ数学教員ヲ網羅セル会合ナリキ，今明治十一二年頃ノ出板ニ係ル同会社雑誌中代数問題ノ欄内ヨリ若干ノ例題ヲ引用スベシ（藤澤，1895，p.49）

　この後に12題の例題を挙げ，次の記述を続けている。

　此ノ内過半ノ問題ハ仏算術若シクハ類似ノ根源ヨリ出テタル者ノ如クナレド，爰ニハ何レモ代数問題トシテ掲ケラレタリ，是ニ由ツテ之ヲ観レバ，余輩ガ第四節第五節ニ引用セル諸問題ノ如キ，本邦当時ニアツテハ必ズヤ代数問題トシテ採択サラレタランコト疑フベクモアラズ，亦当時既ニ本邦ニ於ケル算術ト代数トノ区別ハ確定セラレ，其ノ境界ノ那辺ニアリシヤヲ知ルニ難カラザルヘシ
　　　　　　　（略）
　当時英米算術書ノ流行セシコトハ事実ナリ，然レドモ東京数学会社ノ会

員中ニハ，和算家アリ，長崎時代ノ蘭学者アリ，静岡時代ノ仏学者アリ，独逸学者アリ，其ノ他種々ノ異分子ヲ包含シ，前ヘニモ言ヘタルガ如ク，実ニ当時ニアツテ本邦ニ於ケル数学ニ縁故アル者ヲ網羅セルモノナルガ故ニ，同会社ノ雑誌上ニ発表セラレタル事実ハ，此ノ社会ノ興論ナリト看做スコトヲ得ヘキモノナリ，余輩ノ見ルトコロヲ以テスレハ，<u>同会社ノ雑誌上ニ顕ハレタル本邦ニ於ケル算術ト代数トノ境界ハ，其ノ源ヲ本邦従来ノ和算ニ発シ，当事者深慮熟考ノ結果トシテ，幾多ノ変遷ヲ経歴シ，本邦固有ノ種々ノ事情ニ参酌シ，本邦ニアツテ最モ適当ナル様ニ漸次定マレルモノナリ</u>，而シテ英米算術書ノ流行ノ如キハ，本邦固有ノ種々ノ事情中ノ一ツニ数ヘラレルヘキコト勿論ナリ（藤澤，1895，pp.52-53）（下線は筆者による）

　西洋数学を輸入しただけではなく，日本の事情の中で，それを日本の文化的地盤に消化してきたことが述べられている．藤澤は，さらに次のように，日本の数学教育における「算術」と「代数」の区別に言及していく．

　　和算時代，長崎時代ニ濫觴シ，静岡時代開成所時代ヲ経歴シ，英米初等数学書流行ノ影響ヲ受ケ，明治十二三年頃ニ至リ漸ク確定セル本邦ニ<u>於ケル算術ト代数トノ区別</u>ハ，概略次ノ如シ
　　　<u>算術ニ於テハ，格段ノ数及ヒ其ノ計算法ヲ講シ，代数ニ於テハ一般ナル数即文字ニアラサレハ表ハスコト能ハサル数ヲ論シ，併セテ文字ヲ使用スルコト絶対的ニ必要ナラサルモ，文字ヲ使用セサルトキハ困難ナルヨウナ事柄ヲ文字ノ媒介ニヨリテ解説ス</u>
　　余輩ハ，初等数学諸科ノ段階的連絡上ヨリ講究スルモ，亦本邦普通教育啓発的順序ヨリ観察スルモ，本邦ニ於ケル算術ト代数トノ区別ヲ右ノ如ク確定スルノ徹頭徹尾至当ナルヲ信シ，向後如何ナルコトアルモ，此ノ境界ノ動揺セザランコトヲ希望シテ已マサルモノナリ（藤澤，1895，p.54）（下線は筆者による）

　このように，藤澤は日本独自の算術と初等代数学の捉えを確定している．さらに次のように，当時の算術教育の状況に危惧を示している．

爾来前キニ余輩ガ原書ノ肉ヲ剥キテ其ノ骨ヲ取リタルモノト評セル不完全ナル反訳算術書ハ漸ク世ニ行ハレ，遂に原書ヲ排斥スルニ至リテハ，算術中最モ貴重ナル解析説明ヲ疎ンジ，頻リニ無味乾燥ナル問題ノ答数ヲ器械的ニ求ムルノ悪風ヲ生ゼリ

　　　　　　　（略）

　従来ハ合格試験タリシ入学試験ハ，一変シテ，選抜試験即チ淘汰試験トナリ，初等数学科ハ淘汰試験ニ恰好ナル学科ニシテ，算術ハ初等数学科ノ初位ヲ占ムルガ故ニ，第一回ノ即チ最モ手荒イ淘汰ヲ行フ材料ニ供セラレ，其ノ結果トシテ，無益ニムヅカシクモ亦宛モ人ヲ陥穽ニ嵌メ込ムガ如キ趣キアル卑劣ナル問題ノ跋扈スルヲ馴致セリ（藤澤，1895，p.55）

　「算術」の意義を理解しないで，それを器械的にだけ扱ったり，淘汰試験に利用したりすることを批判している。さらに，「算術」をそれだけでみるのではなく初等数学全体の中でみていかなければならないことを次に述べている。

　人ニ教ユルニハ，大ヒナル余地ナカルベカラズ，一通リ算術ヲ学ビタル者未タ算術ヲ教ユベカラズ，算術ヲ教ヘントスル人ハ少ナクモ初等数学全体ヲ修メタル者ナラザルベカラズ，然レドモ常時ニアツテハ，朝夕ニ習フトコロヲタヘニ人ニ教ユルガ如キハ，決シテ珍ラシカラザリシナリ（藤澤，1895，p.56）

　ここでは，「算術」を教える者は，「算術」の「代数」への発展性を弁えていなければならないとしている。「算術」と「代数」との接続が大いに意識されていると言ってよいであろう。それを接続するものとして，教師の役割を期待している。続いて，次のように，当時台頭してきた「理論流儀算術」の批判を述べている。

　此レ等種々ノ原因ハ相輻湊シテ，本邦算術教授上，予シメ期セサルノ弊害ヲ生シ，明治十八九年頃ニ至リテハ殆ント其ノ極端ニ達シ，心アル

者ヲシテ算術教授法ノ改良ヲ念ハシメタリ，然レドモ之レヲ改良スル，如何ナル方法ニ頼ルヘキ乎，其ノ策ヲ案シテ未タ得ス，曾々天ノ一方ヨリ一陣ノ魔風地ヲ捲ヒテ来リ，忽然顕ハレ出テタルハ，所謂理論流儀ノ算術ナリ，所謂理論流儀ノ算術ハ救世主的ノ容貌ヲ以テ四方ヲ睥睨セリ，所謂理論流儀ノ算術ハ少ナクモ二十余年ノ過去ヲ有スル本邦算術ヲ蹂躙シテ殆ント転覆セシメントセリ（藤澤，1895，p.56）

これは，「理論流儀」が「算術」を演繹的に構成することによって，「算術」と「代数」の境界をなくすものであり，そのことへの痛烈な批判である。藤澤は，「算術」の原理を，演繹的にではなく帰納的に導いていくというもの（和算的ではあるが，無系統な問題・答えの羅列ではないもの）と捉えていたようである。

3．本節のまとめ

3-1．西洋数学の「輸入」から「受容」に至る過程概要

　幕末において，西洋数学の「輸入」が本格的になった。西洋数学輸入の第一の道は中国の書物を通じて間接的に開かれたものであり，第二の道は長崎から入るオランダ書によって開かれたものである。明治初期にかけて，第一の道は小さくなり，第二の道は大きくなっていった。第二の道は，オランダ書から英・独・仏のものへと移行していった。（第二の道に関連して，開港直前の1855年から約4年間の限られた期間，長崎海軍伝習所において，西洋数学が「伝習」された。）

　「輸入」はその後も明治中期に至るまで続いていき，「輸入」（及び「伝習」）された西洋数学は，和算との関係を持ちながらも，次第に和算を排斥していく方向で，日本の数学研究と数学教育の中に「導入」されていった。幕末における西洋数学の「輸入」・「導入」は，まず，算術および初等代数学の初歩に関わる内容について行われた。算術および初等代数学の初歩の内容は殆どが，既に和算の中にあったものであり，その内容をアラビア数字とそれによる10進位取り記数法によって置き換えることができた。すなわち，比較的容易に，和算の点竄術を西洋の代数表現に変換することができた。こ

のようにして，筆算のような代数的表現は形式的に「導入」することができたと考えられる。

幕末においては，和算には直接は見られなかった西洋数学の内容である「対数」や「三角法」等その一部は，航海術や暦術の研究を目的として，西洋数学輸入の2つの道を通して，狭義の和算の中に取り入れられた。それから洋算採用が決定される明治初期に亘って，和算には無かった西洋数学の内容については，輸入された洋書を直接に或いは「翻訳」することによって取り扱われた。算術および初等代数学の初歩においては，比較的早く明治初頭には，和算の表現が洋算の表現に「変換」された。さらに，多くの西洋数学書は「翻訳」されていくようになった。「翻訳」の際に用いられた西洋数学の術語には，和算の言葉，中国訳の言葉，新訳語などがあり，明治初期には，数学の術語は不統一を極めていた。明治10年（1877）代には，数学術語統一の動きが起こった。東京数学会社訳語会の活動を中心とした数学の術語を統一する活動と翻訳書整備の進行とが相俟って，和算には無かった西洋数学の内容においても「輸入」・「導入」がされていった。

明治20年（1887）頃には，翻訳書が充実していき，教科書も整備されていった。そのような過程の中で，算術及び初等代数学は，日本の文化的地盤に消化されていった。明治30年（1897）頃には，形式的な「変換」や単なる「翻訳」ではない，西洋数学（算術及び初等代数学）の意義を捉えた，日本人独自の日本語の「教科書」が完成され，算術及び初等代数学は，「受容」されたとみることができる。

3-2．西洋数学の「受容」と和算との関係性

明治20年代後半の藤澤において，算術及び初等代数学の「受容」はほぼ完成されていたとみることができる。日本の数学教育の中での「算術」と「代数」の区別とそれぞれの役割を明確にし，「算術」と「代数」の接続を強く意識していた。藤澤が算術及び初等代数学の「受容」に至る過程でそのような意識を持ったことには，日本に和算の伝統があったことが深く関与していることが考えられる。藤澤は，西洋数学を「受容」する前の，日本の文化的基盤として「和算」を捉えていたからである。

「和算」との関わりから，算術及び初等代数学の「受容」に至る過程を捉

えると、その過程は大きく次の三段階に分けられる。

> 第一段階：和算表現から洋算表現への「変換」の段階
> 第二段階：西洋数学原書から日本語への「翻訳」の段階（「翻訳書」の充実等も含む）
> 第三段階：日本人独自の日本語の「教科書」編纂の段階

　この三段階は明確に区別できるものではない。例えば、第一段階と第二段階は時間的な重なりがあるし、第三段階に至っても第二段階は続けられていったと言ってよい。
　第一段階は、わが国最初の洋算書、柳河春三『洋算用法』（1857）に、その典型を見ることができる。和算の点竄術を西洋の代数表現に「変換」している。
　西洋数学「受容」過程において、第二段階の日本語への「翻訳」は必然と言ってよい。和算との関わりで言うと、その段階において、次の二つのことが生じた。一つは、和算の言葉、中国訳の言葉、新訳語が入り乱れている状況から、数学術語統一の動きが起こったことである。訳語会を中心としたその動きには、西洋の言葉そのままに取り入れるのではなく、悉く日本（和算）の言葉に「翻訳」して受け入れようとする姿勢があった。その「翻訳」の過程に「和算」が大きく関わっているということができる。もう一つは、左起横書き数学書の誕生が比較的遅く、明治20年（1887）になったという点である。日本で最初のものは長澤亀之助訳『スミス初等代数学』である。記号代数学の意義を生かそうとすれば、左起横書きという様式が必要となる。ところが、和算の様式は、右起縦書きであったため、和算の様式からなかなか抜け出せなかった。あるいは、西洋書の様式をそのままに取り入れるのではなく、日本（和算）の様式で洋算を取り入れようとする姿勢があったことも考えられる。「翻訳」した日本語は縦に書くのは容易であったし、数式も横にして縦書きにあてはめることで凌いでいた。和算の様式で「翻訳書」編纂が進むに従い、左起横書きの必要は増し、左起横書き数学書の誕生に至ったと言える。困難は伴うものの和算の様式で「翻訳書」編纂を推進した成果

である。

　第三段階は，藤澤利喜太郎『算術教科書　上巻・下巻』（1896a・b）及び『初等代数学教科書　上巻・下巻』（1898a・b）にその典型をみることができる。藤澤は，日本が西洋数学を消化していった過程を理解し，日本は西洋数学を輸入しただけではなく，和算が関わる日本の教育に適合するようにそれを改造したものであるという認識に至っていた。さらに，藤澤は日本独自の算術と初等代数学の捉えを確定している。藤澤は，それらの教科書を編纂するに当たって，「和算」の伝統から少なくとも次の二つのことを取り入れていると言うことができる。一つは，和算の伝統から発した「算術」と「代数」の区別と接続である。もう一つは，教科書の内容的な展開に生かした和算的方法，すなわち演繹的にではなく帰納的に導いていくというものである。

3-3．本節のおわりに

　本節では，日本の数学教育が形をなす時代について，代数表現に関わる西洋数学，特に算術及び初等代数学の「受容」に焦点を当てて，当時の数学研究および数学教育の様態を考察した。「受容」された算術及び初等数学のその後の経緯を考察すること，そして，まだ光を当てていない西洋数学，例えば代数学の数概念に関わる内容や函数などであるが，これらの「受容」については，第5章において考察したい。

第3節　三角法・対数の「受容」

要　約

　前節では，日本の数学教育が形をなす時代について，中等学校数学の内容に関わる西洋数学，主に算術と初等代数学の受容に焦点を当てて，当時の数学および数学教育の様態を明らかにした。まだ光を当てていない西洋数学には，代数学の数概念に関わる内容，函数，幾何などがある。本節では，解析基礎分野における西洋数学として「三角法」と「対数」の受容を主な対象として，また必要に応じて「幾何」の受容等にも触れながら，これらについて

第4章　日本の数学教育が形をなす時代の「受容」

考察していき，学校数学の今日的問題への関連性についても迫っていきたい。

1．「三角法」の発生と展開

　片野（1995）は，「三角法」の発生と展開について，概略，次のように述べている。

　正弦などは現在では三角比として直角三角形の辺の比と角の関係として導入されているが，正弦は始め，文字通り弦の長さであって比ではなかった。弦の表はギリシアで天文学の補助学として作られたものであって，古代の数学では詳しい弦の表を作製すること，弦の表を利用して行う測量，特に天体測量は重要な課題の一つであった。加法定理等の三角法の基本公式は，全て弦の表を作製するための手段として考え出されたものであるということができる。ギリシアの三角法（弦の表）はインド，アラビアを経由してヨーロッパへ伝えられたが，天文観測に利用するための弦の表という考えは，15世紀頃までは変わらなかった。円の弦による正弦の定義を直角三角形の辺の比として定義したのはドイツのラエティクス（1514 - 1576）であり，さらに $\sin x$ を x の関数として三角法を解析学の一分科として取り扱うようになるのは18世紀のオイラー以後のことである。現在の高校「数学Ⅰ」での三角比は，図形的な取り扱いであるから，16世紀頃までの段階であると言える（片野，1995，pp.119-120）。

2．「対数」の発生と展開

　『復刻版　カジョリ　初等数学史』（1997）によると，対数は，ジョン・ネイピア（1550 - 1617）によって発見された。ネイピアは数学研究の上で，算術と代数と三角法とを単純化し，系統化しようとする試みを続けていた。ネイピアの対数は，長い間の考察の結果，生まれた。現在の高校では，
　「$a^p = M$ のとき，p を a を底とする対数という」
と説明するが，ネイピアの時代には，今日の指数記号はまだ流行していなかった。ネイピアは，指数を用いる以前に，対数を構成した。（対数が指数記号から自然に流れ出ることは，かなり後になって，オイラーによって認められ

79

た。）また，ネイピアの体系では，「底」も決定されていなかった。「底」の概念は，ネイピア自身が暗示すら持っていなかったばかりではなく，多少の変形を加えなければ，彼の体系には実際適用しにくいものであった。

ネイピアの発明は，1614年に，『おどろくべき対数規則の記述』（Mirifici logarithmorum canonis descriptio）と名付ける著述によって世界に紹介された。この書においてネイピアは，対数の性質を明らかにし，1分おきの，1象限における自然正弦の対数表を示した。ネイピアは，1から始まる連続した整数の対数を計算しないで，正弦の対数を求めている。このことから，ネイピアの目的は，三角法の計算を簡単にすることであったことが伺える。

片野（1995，p.119）は次のように述べている。16世紀の後半になると西欧各国は海外貿易に力を入れるようになるが，そのためには天文観測に基づく正しい航路の決定が必要になってきた。この計算には球面三角法に関連して三角関数の計算など多くの精密計算が要求された。対数はこの三角関数の計算を能率的に行う方法として考え出された。1582年頃デンマークの天文学者ティコ・ブラーエ（1546-1601）は弟子と協力して，正弦の乗法計算を加減計算に転化する方法を発見した。余弦の加法定理から得られる公式
$\sin\alpha\sin\beta = \frac{1}{2}\{\sin(90° - \alpha + \beta) - \sin(90° - \alpha - \beta)\}$ を利用する方法である。この計算の発想が1590年頃，ティコ・ブラーエのスコットランドの友人を通してネイピアに伝えられ，ネイピアはこれからヒントを得て対数の基本構想を思い付いたという。

3．和算における「三角法」

和算における三角函数表の起源は，建部賢弘（1664-1739）の業績まで遡る。建部は晩年，改暦を主唱した吉宗に仕え，暦術の研究に迫られ，享保年間（1716-1735）を通してその研究に励んだ。平山（2007）は，次のように述べている。

> 賢弘の功績中，第1に挙ぐべきは，三角函数表のうち正弦，正矢の1度ごとの11桁の真数表を作ったことである。これが賢弘の計算であることは，当時11桁の函数表は世界中どこにもなかったこと，享保12年舶載した『崇禎暦書』中の割円八線表は5桁の表にすぎなかったことによっ

て明らかなことである。賢弘の表は11桁であったが，1度ごとの粗っぽい表であった。その後すぐに割円八線表の輸入があったため，精密に計算されなかったことは残念である。賢弘はこの三角函数表を計算するために，三角法の公式を一通り作り上げた（今日のような記号ではないが）。(p.69)

さらに，平山（2007）は，三角函数表の精密化に貢献した松永良弼（1692？-1744）の著わした『割円十分標』（1736）について，次のように述べている。

　賢弘はこの三角函数表を計算したが，1度ごとの粗っぽいものであった。これを精密にしたものが『割円十分標』で元文元年（1736）に完成した。
　　　　　　（略）
　まず円周を360等分して1度とした。この1度を100等分して1分としている。良弼は10分ごとの矢と半弦の11桁の真数表を計算しているのである。8桁の部分は表差になっている。
　1象限を90等分し，それを100等分した100進法の函数表は世界のどこにもない。中国から伝わった暦術では1日を1万等分して計算することになっていた。このために100進法の表が必要になったのである。いまから顧れば，当時世界一の精密な表であった。(p.77)

平山（2007）は，三角函数表の出版については次のように述べている。

　わが国では天文観測の必要上，周天を360等分して1度とし，1度を100等分して1分とし，1分を100等分して1秒とする特殊の三角函数表の計算されたことは前に述べたが，これらの三角函数表は1つも出版にならなかった。はじめて出版された完全な三角函数表は，
　安政4年（1857），『割円表源名八線表』，奥村吉当閲，森正門編輯である。今日と全く同じで，1分飛びの7桁の表である。この表は中国に輸入された西洋の三角表に依ったものである。『源名八線表』とある

81

は中国の呼び名である。またこの表は漢数字を横書きにしてあるのも，中国の表のままである。(p.222)

片野（1995）によると，正弦，余弦，正接などの用語は西洋数学の中国語訳で使われたものである。明末の1629年頃，改暦のため西洋の天文書が漢訳されて『崇禎暦書』が編集された。この中の『測量全義』(1631)の附録に「割円句股八線表（かつえんこうこはっせんひょう）」がある。八線とは，正弦（sine），余弦（cosine），正切線（tangent），余切線（cotangent），正割線（secant），余割線（cosecant），正矢（vers），余矢（covers）である。現在は，「三角比」と呼ばれ，直角三角形の辺の比で定義されているが，ここでの正弦，余弦などは比ではなく全て線分である（片野，1995，p.67）。

4．和算における「対数」

わが国で西洋流の航海術が行われるようになったのは，寛政（1789-1800）の頃からであるが，その少し前18世紀半ばには，そのために対数表の必要が起こっていた。その頃，対数表が中国を通して西洋のものが輸入され，また直接にもオランダの航海表を手にすることができたようである。

『明治前　日本数学史　第四巻』(1959)によると，西洋で発見された対数表がわが国に入った経路には二つある。一つは『数理精蘊』(1723)に拠るもので，もう一つは本田利明（1743-1820）がオランダ書によって導入したものである。『数理精蘊』は清の時代に帝が西洋数学を編纂させたものであるが，同書に用いられている対数，真数，假数などの用語が安島直円（1739-1798）の著『真假数表』(1784)に見られることから，遅くとも1780年頃にはわが国に輸入されていたとみられる（p.38）。

平山（2007）は，次のように述べている。

> それらの対数表は桁数が短くて，開平，開立または何乗根かに開く場合には役に立たないときがある。これがため安島は一種の対数表を考案した。
>
> （略）
>
> ここに直円の対数表のはじめと終わりを掲げたが，真数は今日と同じ

であるが，対数を配数と称した．今日とは反対に配数がちょうどの数になるような真数を計算して表とした．かかる配数180個の14桁の真数を計算しておけば，普通の14桁の対数表と同じ役目を果たす．

　これを私は安島の対数表と呼ぶが，近年になって西洋でこれと同じ考えの対数表を出版した人がある．わずかの紙数の対数表で精密な計算ができるものである．これを計算するには複雑ものであるが，私は安島の対数表を西洋の計算と比較してみたが，1つの誤りもなかった．(pp. 96-97)

日本学士院日本科学史刊行会（1959）『明治前　日本数学史　第四巻』(p.39) によると，会田安明（1747－1817）は『対数表起源』（1807年以前）を著し，2を基底とする対数表を作り，これを$\log_2 10$で割って，10を基底とする対数表に直したとある．

この会田安明の『対数表起源』に述べられた方法について，『東洋数学史への招待―藤原松三郎数学史論文集―』(2007) には，次のような記載がある．

> 彼は先づ，2を基底とすれば2，$4=2^2$，$8=2^3$，$16=2^4$，……　の対数は，1，2，3，4……　なることと，二数の積及び商の対数は二数の対数の和及び差であるという原則から出発して，漸次素数3，5，7等々の対数を求めるのである．(たて書き p.101)

そして，a の対数を求めるのに，これに収束する数列 a_0, a_1, a_2, a_4, …… を定めていき，所要の桁数だけ計算した，と記されている．

次に，日本学士院日本科学史刊行会（1959）『明治前　日本数学史　第四巻』(p.39) によると，1799年には，本田利明がオランダの航海書を翻訳して『大測表5巻』を著わしたとある．このオランダ書は，内田五観の言によると，Douwesの航海書の17世紀の版本のようである．その第1巻は1分毎の7桁の八線表，第2巻は1分毎の7桁八線対数表，第3巻は10010以下の自然数の7桁対数表である．第4巻はこれらの表の用法である．第5巻は利明の門弟坂部廣胖（1759－1824）校となっている．廣胖の『算法点竄指南

録』(1815) 巻12には,「対数表或は假数表ともいふ,蘭名ロガリチムと云」とあり,300までの自然数の対数表を掲げている。刊本に対数の記載があるのはこれが最初である。

幕末に出版された刊本(印刷された対数表で写本は除く)は次の5種類である(平山,2007,pp.221-222)。

刊行年	著者等	書名	内容等
1815頃	坂部廣胖著	『算法点竄指南録』	1〜300の7桁対数表
1844	小出修喜著,福田泉訂	『算法対数表』	1〜10,000の7桁対数表
1856	内藤真矩著	『新撰　査表算』	1〜1000の5桁対数表(使用法の詳しい説明がある)
1857	恵川景之編,山中信古校	『算法捷径　新製乗除対数表』	1〜10,000の6桁対数表
(不明)	(不明)	『函府官板　数率六線率表』	(5桁対数表)

日本学士院日本科学史刊行会 (1959)『明治前　日本数学史　第四巻』(p.39) によると,恵川景之 (1857)『算法捷径　新製乗除対数表』は,Pilaar の航海書 (Jan Carel Pilaar, *Stuurmanskunst*, 1831) に拠ったものである。

5.「幾何」の受容

ここまでに,西洋における「三角法」と「対数」に焦点を当て,その発生と発達,そして,日本の幕末におけるそれら西洋数学の「和算化」の様態についての概略をみてきた。次に「三角法」と「対数」の日本における受容に話を進めていきたい。前節においては,それに関わる「算術」と「初等代数学」の受容について述べたが,ここではまず「三角法」と関係する「幾何」の受容についての概略をみておくことにする。

明治5年 (1872) に学制が頒布され,和算は廃止となり,洋算が採用となった。

84

公田藏（2006）によると，明治初期の幾何教育の状況は次のようであった。

明治5年（1872）8月，「学制」が公布され，関連する法令も制定公布された。小学校の教育課程は，下等小学，上等小学各4箇年で，同年9月公布の「小学規則」によれば，下等小学，上等小学ともそれぞれ八級に分かれ，各級の修業は6箇月である（第八級が最初で，最終が第一級）。数学に関連する学科は下等小学では「算術」だけであるが，上等小学では算術に加えて第六級から「罫画」，第五級から「幾何」が加わる。「小学教則」には，第五級の幾何について「測地略幾何学ノ部ヲ用テ正形ノ類ヲ授ク」と記されている。「測地略幾何学ノ部」とは，明治5年8月に刊行された『測地略』（瓜生編，1872）巻の一である。『測地略』は陸地測量の書物で，巻の一幾何学，巻の二平三角術と構成されている。巻の一幾何学では，平面幾何の一通りのことが記されている。冒頭に定義が列挙されているが，公準，公理は述べられていない。命題の配列の順序も『原論』とは異なるし，幾つかの命題の証明は省略されたり，証明ではない直観的な説明がつけられたりしている。測量の予備知識として幾何の概要を記したことと，複数の書物を参考に編纂されたためであろう。少ない紙数に要点をまとめてあるが，小学校の幾何の教科書としては問題がある。しかし，当時，日本語で記された幾何への入門書は乏しかったのである（公田，2006，pp.189-190）。

初等教育においては，測量など実用に即して基本的な図形の性質などが扱われていることがわかる。

中等教育における「幾何」の導入に関して，佐藤（2006）は概略次のように述べている。

菊池は，当時のイギリスの数学文化に大きな影響を受け，帰国してから，ユークリッド幾何学を採用し，それを日本への移植することに努めた。その際，日本人の表現様式にある非論理性を矯正するため，代数記号を使わず幾何を表現することを通して，言文一致文体の創造を図った。さらに，純粋推理力の欠如した日本人の和算文化を矯正するため，論証を導入することを通して，日本人の思考様式の改革を図った。それらが，『初等幾何学教科書』（1888 - 1889）という形として結実した。ここにおいて，ユークリッド幾何学は「受容」され，それが後の中等学校における「幾何学」の基盤になったものと考えられる。菊池は，古代ギリシャに由来する論証の精神の文化的価

値を認め，それを導入し教育に位置付けた点で，日本の数学文化に重要な貢献をしたと評価できる（pp.51-55, pp.257-260）。

佐々木（1994）は，明治20年（1887）頃の「幾何」の教科書に関して，次のように述べている。

菊池，藤澤は共に，当時の文部省普通学務局長から，中等数学の課程の基準となるような教科書の作成を依頼されていた。菊池はその要請に応じて次のものを著した。

・菊池大麓編　初等幾何学教科書　平面幾何　　（明治21年～22年）
・菊池大麓編　初等幾何学教科書　立体幾何　　（明治22年）
・菊池大麓・澤田吾一共著　初等平面三角法教科書　（明治26年）

そして，菊池は上の幾何の解説書として

・菊池大麓著　幾何学講義　第一巻　（明治30年）
・菊池大麓著　幾何学講義　第二巻　（明治39年）

を著した（p.33）。

藤澤は，算術と初等代数学の教科書とそれらの教授法とを著した。これで両者によって中等数学教育は統一された。ここで，わが国において，児童生徒は，日本人の作った，日本語の教科書で，日本人の教師によって，数学の学習ができるようになった。このことは欧米以外の国では画期的なことであったと言える。

西洋数学の「受容」の指標を，前節同様，形式的な「変換」や単なる「翻訳」ではなく，西洋数学の意義を捉えた，日本人独自の日本語の「教科書」の完成に置くことにすると，明治20年代には，「算術」，「初等代数学」の「受容」がなされ，「幾何」の「受容」と共に「三角法」の「受容」もなされたとみることができる。

6．「対数」を含む「三角法」の受容

「受容」された「三角法」はどのような内容か，その概要を『初等平面三角法教科書』（菊池・澤田，1893）の目次でみてみよう。

第4章　日本の数学教育が形をなす時代の「受容」

```
                    目　録
第一編．角ヲ計ルコト           第十編．対数
第二編．三角函数              第十一編．対数及三角表ノ用ヰ方
第三編．30°，45°，60°，等ノ三角   第十二編．三角形ノ角及辺ノ関係
　　　　函数
第四編．任意ノ角              第十三編．三角形ノ解
第五編．餘角，補角，等ノ三角函数   第十四編．距離及ビ高サ
　　　　ノ関係
第六編．二ツノ角ノ三角函数       第十五編．三角形ノ面積，外接円，
                              内接円，等
第七編．倍角ノ三角函数，等       附録．測量術ノ大意
第八編．三角方程式             問題ノ答
第九編．分角                 表
```

（表は，「数の対数表（5桁）」，「三角函数の対数表（5桁）」，「三角函数表（4桁）」の3種が載せられている。）

　この『初等平面三角法教科書』（1893）では，三角函数（三角比）として，正弦，餘弦，正切，餘切，正割，餘割の6つを挙げている。これらは，和算のような弦の長さとしてではなく，例えば，正弦は（垂線／斜辺），餘弦は（底辺／斜辺）というような，二辺の長さの比の値として定義されている。第一編から第三編までの内容展開は，現在の高校「数学Ⅰ」の「三角比」での扱いとほぼ同様のものであり，第四編から第九編までの内容展開は，「数学Ⅱ」の「三角関数」での扱いとほぼ同様のものである。第十編からの内容展開が，主には対数を用いるという点で，現在の高校数学の扱いと異なっている。

　先にみたように，対数は三角函数との関係から生まれた。『初等平面三角法教科書』（1893）では，三角函数の内容展開において対数がどのように扱われていたかに焦点を当て，その書の記述から次に少し詳しくみていく。

　「第十編．対数」において，対数を用いる利益は，次の3つの条件に基づいているとしている。

> Ⅰ．積の対数はその因数の対数の和に等しい。
> $$\log_a mn = \log_a m + \log_a n$$
> Ⅱ．商の対数は被除数の対数より除数の対数を減じた差に等しい。
> $$\log_a \frac{m}{n} = \log_a m - \log_a n$$
> Ⅲ．1つの冪の対数はその数の対数と指数の積に等しい。
> $$\log_a m^k = k \cdot \log_a m$$

「第十一編．対数及び三角表の用い方」では，例題を挙げながら，対数及び三角表の用い方を次のように説明している．

　　　　比例部分ノ規則ハ角ト其ノ三角函数ノ場合ニモ適用ス可ク，故ニ又角ト其ノ三角函数ノ対数ノ場合ニモ適用ス可キモノトス．
　正弦及餘弦ハ常ニ1ヨリ小ナリ．又0°乃至45°ノ角ノ正切，及45°乃至90°ノ角ノ餘切モ1ヨリ小ナリ．故ニ此等ノ対数ノ指標ハ負ナリ．
　表中ニ負数ガ混スルハ不便ナリ．之ヲ避ケンガ為メニ三角函数ノ対数ニ盡ク10ヲ加ヘテ記セリ．（但シ，正数ノ対数ニハ10ヲ加ヘザル表アリ：巻末ノ表即然リ．）例ヘバ，37°50′ノ正弦ノ対数ハ $\bar{1}.78772$ 即 $9.78772-10$ ナレドモガ，表ニハ唯 9.78772 ト記ス．故ニ之ヲ用キルニ当リテ必ズ先ツ10ヲ減ス可シ．（但シ之ヲ為スニハ唯 -10 ヲ其ノ後ニ付記スルニテ足レリ：例題2，3ノ如シ．若シ -10 ヲ付記セザルトキハ区別スル為 logsin ト記ス代リニ Lsin ト記ス：例題4ヲ見ヨ．）
　例題1．$\sin 34°43′$ ヲ求ム．
　先ツ表中最近ク此角ヲ夾ム二ツノ角ノ正弦ヲ探シ出シ以テ之ヲ比較スルコト下ノ如シ．

$$\sin 34°40′ = 0.5688,$$
$$\sin 34°43′ = 0.5688 + x,$$
$$\sin 34°50′ = 0.5712.$$
$$\therefore \quad 10′:3′::24:x; x = \frac{3 \times 24}{10} = 7.2.$$
$$\therefore \quad \sin 34°43′ = \begin{pmatrix} 0.5688 \\ +\ 7 \end{pmatrix}$$

第4章　日本の数学教育が形をなす時代の「受容」

$$= 0.5695.$$

例題2．logcos48°16′52″ ヲ求ム．

$$\text{logcos}48°10' = 9.82410 - 10, \quad [表ヨリ．]$$

$\text{logcos}48°16'52'' = 9.82410 - 10 - x,$

$\text{logcos}48°20' = 9.82269 - 10. \quad [表ヨリ．]$

$\therefore \quad 10':6'52''::141:x;x = \dfrac{412 \times 141}{600} = 96.82.$

$$\therefore \quad \text{logcos}48°16'52'' = \begin{pmatrix} 9.82410 - 10 \\ -97 \end{pmatrix}$$

$= 9.82313 - 10.$

例題3．正弦ノ対数ガ9.50102−10ナル角ヲ求ム．

$$9.49958 - 10 = \text{logsin}18°25',$$

$9.50102 - 10 = \text{logsin}(18°25' + x),$

$9.50148 - 10 = \text{logsin}18°30'.$

$\therefore \quad 190:144::5':x;x = \dfrac{144 \times 5'}{190} = 3'47''.$

$\therefore \quad 9.50102 - 10 = \text{logsin}18°28'47''$

例題4． $\left.\begin{array}{l} L\cot 52°44' = 9.8813144 \\ L\cot 52°45' = 9.8810522 \end{array}\right\}$ ヲ与エ餘切ノ対数ガ $\overline{1}.8812339$ ナル角ヲ求ム．

$$9.8813144 = L\cot 52°44',$$

$9.8812339 = L\cot (52°44' + x),$

$9.8810522 = L\cot 52°45'.$

$\therefore \quad 2622:805::60'':x;x = \dfrac{805 \times 60''}{2622} = 18''.4.$

$\therefore \quad \overline{1}.8812339 = \text{logcot}52°44'18''.4$ 　　（菊池・澤田，1893，pp.130-133）

以上のような例題を示した後に，対数の応用として次のような例題を掲げている。

例題1．直角三角形（図13）ニ於テ二ッノ辺ハ864.1尺及1579.2尺ナリ．二ッノ鋭角及斜辺ヲ求ム．

a, b, c ヲ夫々角 A, B, C ノ対辺ノ長ｻトセヨ．然ルトキハ，

89

$a = 864.1$ 尺,
$b = 1579.2$ 尺.
$$\tan A = \frac{a}{b}$$
$$\log \tan A = \log \frac{a}{b} = \log a - \log b$$
$$= \log 864.1 - \log 1579.2.$$

表ヨリ　　　$\log 864.1 = 2.93656$

又　　　　$\log 1579.2 = 3.19844$

∴　$\log \tan A = 9.73812 - 10$

故ニ表ヨリ　　　$A = 28°41'10''$;

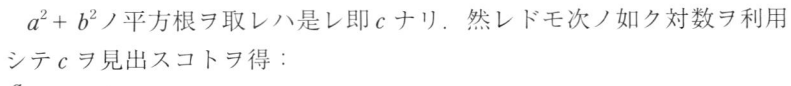

∴　$B = 90° - A = 61°18'50''.$

$a^2 + b^2$ ノ平方根ヲ取レハ是レ即 c ナリ. 然レドモ次ノ如ク対数ヲ利用シテ c ヲ見出スコトヲ得:

$$\frac{a}{c} = \sin A,$$
$$\log c = \log a - \log \sin A$$
$$= \log 864.1 - \log \sin 28°41'10''.$$

表ヨリ　　　$\log 864.1 = 2.93656$

表ヨリ　$\log \sin 28°41'10'' = 9.68125 - 10$

∴　$\log c = 3.25531.$

故ニ表ヨリ　　　$c = 1800.2$

即斜辺ハ　1800.2 ナリ.

注意. 唯 c ノミヲ要スル場合ニテモ, a, b ノ桁数ガ多イトキハ $c = \sqrt{a^2 + b^2}$ ニ依ルヨリモ此例題ニ於ケル如ク対数ヲ利用シテ先ツ A ヲ見出シ而シテ A ニ依テ c ヲ見出スヲ便利ナリトス.

然レドモ斜辺及一ッノ辺ヲ与エテ, 他ノ辺ヲ求ムル場合ニ於テハ直ニ対数ヲ利用スルコトヲ得: 次ノ例題ニ詳ナリ.

例題 2. $c = 310.67$ 間, $a = 231.81$ 間, $C = 90°$ ナリ. b ヲ求ム.
$$b = \sqrt{c^2 - a^2} = \sqrt{(c+a)(c-a)}$$
∴　$\log b = \frac{1}{2}\{\log(c+a) + \log(c-a)\}.$

今　$c + a = 542.48$, $c - a = 78.86.$

$\log(c+a) = 2.73438$

$\log(c-a) = 1.89686$

2) 4.63124
$\log b = 2.31562$
$b = 206.83$ 間．

例題 3．$A = 42°15'$，$b = 314.3$ 尺，$C = 90°$．c ヲ求ム．
$$c = \frac{b}{\cos A}, \qquad \therefore\ \log c = \log b - \log\cos A.$$
$\log b = 2.49734$
$\underline{\log\cos A = 9.86936 - 10}$
$\log c = 2.62798$
$\therefore\ c = 424.6$ 尺．（菊池・澤田，1893，pp.134-136）

　以上が「第十一編．対数及び三角表の用い方」における例題による説明である。「三角法」の数値計算を簡便にするために，対数及び表が用いられている。第十二編以降は，この対数及び表を用いた「三角法」の展開がなされている。

　上で述べた『初等平面三角法教科書』の出版は明治26年（1893）であるが，それ以前の三角法教科書について，松原（1985）は次のように述べている。明治10年代までに出版された三角法の教科書は極少ない。尾崎正求の『代数三千題』（明治16年（1883））の巻の下に，平面幾何学と共に平面三角術が載っているが，その内容は簡単なものである。三角比が「八線之図」を使って説明され，直三角形比例式において，（高さ／斜辺）＝ $\sin A$ などの定義もしている。田中矢徳の『平三角教科書』（明治19年（1886））は，攻玉社の出版であって，近藤真琴が序文を寄せている。トドハンターの Trigonometry for Beginner を田中矢徳が訳したもので，原著の第6篇はチャンブルの対数表の用法（7桁の表）を論じているが，ここでは初学者のために6桁の対数表を用いると断っている。第7篇「直角三角形解法」以降，対数及び表を用いた「三角法」の展開がなされているとみられる。神保長政の『三角術』（明治6年（1873））は，神保長政訳とあるが，原著ははっきりしない。巻之一，巻之二で八線学を説き，巻之三で三角形の解法，巻之四で測量などへの応用を説いている。巻之二に「角度を知って其の八線の真数を求める法」や「角度を知って其の八線の仮数を求める法」という項目があるが，「真数」や「仮数」の用語から，計算に対数を使っていることが知られる

（松原，1985，pp.442-454）。

　三角法教科書について時間を逆に記述したが，もう少し時間を遡って，1856年に福田理軒の著した『測量集成』をみると，そこには八線表及び八線対数表が載せられており，先に示した『初等平面三角法教科書』「第十一編．対数及び三角表の用い方」と同様の三角法の表（八線表，八線対数表）を用いる展開が，代数記号無しに和算の言葉で記述されている。

7．西洋数学の「輸入」から「対数」を含む「三角法」の「受容」に至る過程概要

　「対数」を含む「三角法」がどのように「受容」されたかについての概略は次のようになる。

　幕末において，西洋数学の「輸入」が本格的になった。「輸入」はその後も明治中期に至るまで続いていき，「輸入」（及び「伝習」）された西洋数学は，和算との関係を持ちながらも，次第に和算を排斥していく方向で，日本の数学研究と数学教育の中に「導入」されていった。幕末における西洋数学の「輸入」・「導入」は，まず，算術および初等代数学の初歩に関わる内容について行われた。算術および初等代数学の初歩の内容は殆どが，既に和算の中にあったものであり，その内容をインド・アラビア数字とそれによる10進位取り記数法によって置き換えることができた。すなわち，比較的容易に，和算の点竄を西洋の代数表現に変換することができた。このようにして，筆算のような代数的表現は形式的に「導入」することができたと考えられる。

　幕末においては，それまでの和算には直接は見られなかった西洋数学の内容である「三角法」や「対数」等その一部は，航海術や暦術の研究を目的として，西洋数学輸入の2つの道（中国からの道・西洋からの道）を通して，狭義の和算の中に取り入れられていた。だから，比較的早く明治初頭には，算術および初等代数学の初歩において和算の表現が洋算の表現に「変換」されたのと同様に，「対数」を含む「三角法」においても和算の表現が西洋数学の表現に「変換」されていった。和算の「八線表」や「八線対数表」は西洋数学の「三角函数表」や「三角函数の対数表」として，表の内容はほぼそのままに引き継がれ和算から西洋数学へと移行した。

　さらに，「三角法」や「対数」に関する西洋数学書も多く「翻訳」されて

いくようになった。「翻訳」の際に用いられた西洋数学の術語には、和算の言葉、中国訳の言葉、新訳語などがあり、明治初期には、数学の術語は不統一を極めていた。明治10年（1877）代には、数学術語統一の動きが起こった。東京数学会社訳語会の活動を中心とした数学の術語を統一する活動と翻訳書整備の進行とが相俟って、和算には無かった西洋数学の内容においても「輸入」・「導入」がされていった。

　明治20年（1887）頃には、翻訳書が充実していき、教科書も整備されていった。そのような過程の中で、算術及び初等代数学、そして「対数」を含む「三角法」は、日本の文化的地盤に消化されていった。明治30年頃には、形式的な「変換」や単なる「翻訳」ではない、西洋数学（算術及び初等代数学、そして「対数」を含む「三角法」）の意義を捉えた、日本人独自の日本語の「教科書」が完成され、算術及び初等代数学、そして「対数」を含む「三角法」は、「受容」されたとみることができる。

| 第5章 | 文化的価値からみた中等教育を中心とする数学教育内容の批判的考察 |

第1節　高校数学の基盤をなす代数表現とその文化性からの考察

要　約

　本節では，高校数学の基盤をなす代数表現について，その文化性から考察した。幕末から明治にかけて，日本は西洋数学を受容することになるが，そのとき日本にはこの「点竄術（てんざんじゅつ）」があったため，洋算についてはそれを比較的容易に受容できたようである。ただ，その際，『洋算用法』等を見る限り，表面的に和算を洋算に翻訳しているに過ぎないことがわかる。「記号代数」の意味や意義といったその重要性を認識してのものではなかった。その後，和算を廃止し，表面的に受容した「記号代数」を「手段」としながら西洋数学を急いで取り入れることにのみ汲々とし，「記号代数」の重要性が省みられることもなかった。現在の高校数学においては，「代数」や「解析」の習得を急ぐ余り，記号化や公式化をその習得の「手段」と考えそれも急ぐことになってはいないだろうか。教材の本質を見失わないためにも，「記号代数」を「手段」としてだけ捉えるのではなく，「記号代数とその表現」自体を学校数学の「目的」として捉え直すことが，今，必要であると考えた。

1．本節のはじめに

　本研究の中でこれまでに，世界の数学の歴史展開を有機的全体として捉え，そこにみられる文化性を明らかにすること，そして，この視点をわが国の数学教育の歴史的な展開に適用することによって，現在の算数・数学教育

が抱える問題を明らかにすることを目指してきた（伊達，2006a・2006b・2007a・2007b）。その過程において，現在高校数学の基盤をなす代数表現の取り扱いが，果たして，その代数表現の文化的価値を生かすものになっているのか，などの課題が浮かび上がってきた。（学校数学における数学的表現の殆どは，数や式による代数表現である。この代数表現は，数学展開の過程において，文化の中であるいは文化展開の系列の中で成長したもので，文化性を多分に有する。学校数学において，その文化性から生じる代数表現の意味や意義を捉えることは非常に重要なことであり，そのことが代数表現の文化的価値を生かすことに通じる。）例えば，中学3年の内容「平方根」を取り上げよう。扱う数を有理数に限定すると，2次方程式 $x^2 = 2$ には解がない。そこで，2の平方根を考え，それを $\sqrt{2}$ と記号化し，$\sqrt{2}$ は「2乗して2になる数」だと説明する。しかし，元の2次方程式は，解の表現 $\sqrt{2}$ を求めているのではなく，2乗して2になる数は何か，と問うているのではないか。このように性急な記号化や公式化は教材の本質を見誤らせる。学校数学の基盤をなす代数表現の意味や意義を，その文化性を捉える視点から検証していく必要がある。（上の例で言うと，記号化された $\sqrt{2}$ という表現によって，その後の内容的発展は格段に良くなることは間違いない。ところが，近似で表現されていた平方根2が $\sqrt{2}$ と記号化されることによって，平方根2の実数としての本質は見えにくくなり，その後の学校数学，高校数学においても平方根2の実数としての本質等が省みられることはあまりないようである。）

　本節では，現在の学校数学における代数表現の意味や意義を文化的視点から捉え直すために，高校数学の基盤をなす代数表現が，どのように形成され展開したのか，また，わが国が洋算を受容する際にそれらをどのように取り入れたのか，という経緯の一端に迫っていきたい。

2．高校数学の基盤をなす代数表現の歴史的背景

　今日の高等数学は，代数表現を基盤とする微分積分学・線形代数学の延長上にある。高校数学も代数表現を基盤にしている。礒田（2007）によると，この代数表現はヴィエタ（Francois Vieta）（1540–1603）・デカルト（René Descartes）（1596–1650）に端を発する。デカルトは小学校から教えられる式表現の定式化に貢献した。分立していた「アラビアに起源する代数における

第5章　文化的価値からみた中等教育を中心とする数学教育内容の批判的考察

解析」と「パッポス（Pappus）（290頃－350頃）以来の幾何学の作図題における解析」を総合した。代数学は一般算術理論の発展したものであり、幾何学的表現で考察されるギリシャ数学とは区別された。デカルトは、既存の分立諸学（算術・音楽・天文学等）を統合する唯一の数学として普遍数学を構想し、それが代数学によって可能となることを提案した。代数表現の延長上に、科学技術に必要な数学が発展していった。科学の言葉となった代数式と座標によって関数の表現や空間の表現が19・20世紀に確立した。この代数計算を基盤にする数学は、後の微分積分学や線形代数学の基本表現となり、科学技術の飛躍的進歩につながった。

　今日の小学校では1年生から、デカルトが普遍数学で提唱した代数表現を起源とする式表現を教える。筆算に象徴された算術、それと分立する代数、それらを連続的に教える必要から、近代ヨーロッパにおいて、代数表現が算術に浸透していった。19世紀各国に公教育制度が成立したときには、科目名として算術・代数・幾何などは存在していた。19世紀末には、算術は幾何を含まないことをその特質としていた。微分積分学の学校数学への導入問題を契機に、20世紀初頭、分科を融合する教育課程改革の世界動向が起き、その運動は20世紀を通して進展した。今日の学校数学は、それら異なる数学科目を1つの普遍数学に融合する幾多の試みの結果成立した。現在では、小学校から高校まで、数学は1つの教科、1つの科目と見なされている。高校数学は、数学Ⅰ、数学Ⅱ……と呼ばれ、異なる科目名では呼ばれていない。そして、それは代数表現を基盤にしていることは言うまでもない（礒田、2007）。

　次に、代数（表現）の形成・展開およびその受容を見ていきたい。代数の中心は「方程式」であると言える。その中の「1次方程式」の多くは、古代から代数の展開に関わらず、比例の問題として解決されていた。代数の展開をみていくには2次以上のものが適当であろう。本稿では、代数の展開およびその受容を、「2次方程式」を軸としてみていくことにする。

3．西洋における代数の展開

3-1．代数の展開段階

　中村幸四郎（1980）によると、ネッセルマン（Nesselmann、1811－1881）は、

『ギリシャの代数学』(Nesselmann, 1842)（pp.301-302）において,「代数的演算や方程式の形式的表現に関連して,我々は歴史的にいって本質的に異なる3つの展開段階に区別することができる」と述べている。3つの段階は次のものである。

  第1段階 「言語代数」；記号が全く無く,計算の全過程が言語で詳しく述べられているもの。
  第2段階 「省略代数」；第1段階と同じく言語的であるが,繰り返し用いられる概念や演算については,言語で表現する代わりに,決まった省略記号が用いられる。
  第3段階 「記号代数」；全ての式や演算が,完全に展開した記号的言語によって表現される。

 数の計算とその規則は,きわめて古くから知られていたものであり,全く実用上の目的から出発したものであり,どの文化圏でも見られるものである。日常生活のための知恵や建築・測量のための「数の知識の領域」を超えて,数そのものの理論を組織的に追求しようとする段階に至って,はじめて数論という一つの数学が形成されていく。

 数学は論証的構造をもつ言語であるという捉え方があるが,近世以前において数学は,幾何学はもちろん代数的なものまで殆ど,この言語をもって綴られていたと言える。ユークリッド『原論』第Ⅴ巻「比例論」や第Ⅹ巻「無理量論」等にも,代数的記号法というものが全く欠如し,代数方程式という考えが全く存在していない。ギリシア人は記号なしの言語数学を,言語を誤り無く使いこなす言語論理と文法をもって構成していった。これらは,もちろん上の第1段階「言語代数」に属するが,アラビアやペルシャの代数学,さらには近世になってのイタリアの古い数学者達のものもこれに属する（中村,1980, pp.14-15）。

 記号法の始原は,ディオファントス（Diophantus）（3世紀頃）の数論の中で未知数の最初の記号化が成されていることに見出される。この写本はルネッサンス期に再発見され,16・17世紀の代数学形成の原動力となった。ディオファントスは上の第2段階「省略代数」に属し,また17世紀半ば頃ま

第5章　文化的価値からみた中等教育を中心とする数学教育内容の批判的考察

での代数学者たちのものもこれに属する。

近代代数学の始原はヴィエタの論著であり，少し後のデカルトによって完成される。これが第3段階「記号代数」である。

3-2．古代バビロニアにおける2次方程式

2次方程式の起源としては，4000年前の古代バビロニアの解法が知られている。ノイゲバウアー訳『数学の楔形文字文献（Mathematiche Keilschrifttexte）』の第3巻（Neugebauer, O., 1935-1937）に収録されている次の問題がある。

粘土板　BM13901 no.2：正方形の面積から，その正方形（の一辺）を引くと，それは14；30となる。（その正方形の一辺の長さを求めよ。）

（ファン・デル・ヴェルデン著／加藤他訳，2006，p.81）

古代バビロニアでは60進記数法が使われていたので，ここでの14；30という数は現代の10進記数法で表すと $14 \times 16 + 30 = 870$ である。次にその解が文章で記述されている。これを現代の10進記数法を使って示すと次のようになる。

［解］1を半分にして0.5になる。0.5と0.5をかけて0.25になる。870に0.25を加えて870.25となり，その平方根は29.5で，最初に計算した0.5を加えて30を得る。よって正方形（の一辺）の長さは30である。

これら問題と解は全て，60進記数法と文章によって記述されている。解法を全く記号なしで言語だけで実行しており，先述したネッセルマンの3段階説の第1段階「言語代数」の典型であると言える。

さらに，次の2点に注意を向けておきたい。第1は，ここで870.25の平方根が計算されていることである。古代バビロニアの数学では，60進小数記数法が使われており，現代の10進小数記数法によって可能な計算能力が備わっていた。算術平均による近似によって，巧みに平方根の計算をすることがで

きたと考えられる。第2に，問題において，長さと面積の和を考えていることである。ギリシャ以前の数学は専ら実用主義的とされてきたが，このことには抽象化（後の代数学にみられることがらに非常に近いもの）や数学を楽しむという要素（非実用的要素）への志向の萌芽があるという解釈も可能になると考えられる。

3-3. ディオファントス『算術』

ディオファントスの主な著作は，『算術』（Arithmetica）である。（古代ギリシャにおいては，算術という言葉は単なる計算ではなく数論を意味していた。）この書は，全13巻から成るものであるが，現存しているのは前半の6巻だけである。高度な数学的技量と創意を特徴とする著作であるが，その研究方法において伝統的なギリシア数学とは共通点をあまり持っていない。（初期アレクサンドリア時代における）本質的に新しい分野の数学であり，幾何学的方法とはっきりと決別したものであった。その意味では，古代バビロニア代数にかなり近いものであると言えなくはない。しかし，古代バビロニアでは3次までの定方程式の近似解を主に扱っていたのに対し，（現存の）ディオファントス『算術』では，定方程式と不定方程式の両方において正確な解を求めることに終始している。ここで扱われている方程式の多くが，未知数が2つ以上ある方程式でその整数解を求めるものであり，これらは「ディオファントス方程式」と呼ばれている。（現存の）『算術』に見る限り，ディオファントスは，正確な有理数解のみに関心があったのであり，古代バビロニア人が求めたような無理数解の近似値の計算には関心を示していないと言える。したがって，ディオファントス『算術』は，因数分解による解法が可能である限られた2次方程式を取り扱ったものであり，負の根の存在は認めておらず，無理数になる平方根の計算も見られず，2次方程式の一般解法に直接つながるものではないことがわかる。

ディオファントスの代数への貢献はむしろ次の点にある。『算術』6巻を通して，数のべき乗や関係および演算に対する略号が体系的に使われているという点である。未知数をギリシャ文字に似た文字記号で表し，平方（2乗）から立法の立法（6乗）までを記号で表し，未知数の1乗から6乗までの逆数に特別の名称を与えた。また数係数は，係数のかかっている未知数の

100

べき乗記号の後に書いた。さらに，項の間の足し算は各項を並置して表し，引き算は引かれる項の前に1つの省略文字を置いて表した。このような表記法によって，ディオファントスは，未知数1つの多項式を現代の表記のように簡潔に表せるようになった。ここに至って，ギリシア代数学は3乗までというそれまでの制約にはとらわれなくなった。これは正に，先述したネッセルマンの3段階説の第2段階「省略代数」の典型であると言える。ただ，ディオファントスの略号が現代代数学の記号と異なる主な点は，指数記号だけではなく演算や関係を表す特別な記号も無かったことにある。それらの記号が考え出されたのは，主として15世紀から17世紀初頭までの西欧においてである。それまでの代数展開の主軸はアラビアにあった。

3-4．アラビアの2次方程式

アル・フワーリズミー（al-Khwārizmī, 800頃）『代数学』のラテン語訳は，数の位取りの原理についての序論に始まり，続く第1章から第6章において，根，平方および数（x, x^2および定数項）という3種類の数量からなる6種の2次方程式の解法を述べている。この6種の2次方程式は，正の根を持つ2次方程式の全ての場合を尽くしている。0や負の根を持つ場合は，これらを認めず，正のものだけを根として認めている。平方完成が必要な場合は，その手順を証明なしで詳細に説明している。その後，それに幾何学的証明を加えている。アル・フワーリズミーは，代数的演算に幾何学的背景を持たせたと言える。

3-5．ヴィエタの記号代数学

ヴィエタは，ディオファントス『算術』のギリシャ語写本を知る機会を得，これを素地として『解析法入門』を著したと言われている。従来の「数計算」に対して，記号そのものを用いて推論をするという方法「記号計算」を編み出した。未知数は母音大文字 A, E, I で，既知数は子音大文字 B, D, G などで表した。また，x の代わりに N（数），x^2 の代わりに Q（平方），x^3 の代わりに C（立方）などを使って，方程式を表した。実際に記号による推論を進めている。ただ，ヴィエタはまだギリシャ時代からの次元の考えには束縛されていたようである。

3-6. デカルトの記号代数学

デカルト「幾何学」は,『方法序説』の付録の1つである。その序文において,「幾何学におけるいかなる問題も, 何本かの特定の直線の長ささえ分かれば作図が十分可能な命題に, 容易に還元できる」と述べている。さらに, 最初の部分に「算術計算を幾何学的演算に関連づける方法」という表題が付けられている。このことから, ここでの狙いは題名の示すように一般的な幾何学的作図をすることにあり, 必ずしも幾何学を代数に還元することではなかったことが伺える。また, 第2の部分では「乗法, 除法及び開平を幾何学的に行う方法」が扱われている。そこでは, 5つの算術演算は定規とコンパスによる簡単な作図に対応することを示すことによって, 幾何学に代数的用語を導入することの正当性が述べられている。

さらに, 特筆すべきは, デカルト「幾何学」で初めて, 現在高校1年の数学までに使われる代数記号の殆どが揃ったということである。a, b, c……を既知数に使い, x, y, z……を未知数に使った。指数記号をそれらの文字に適用し, ドイツ記号の＋や－も使っている。等号の記号や2乗の記号を除けば, デカルトの代数を構成する記号や式表現は現在の学校数学のものと同じである。しかし, 現在と違う重要な点が1つある。現在では既知量や未知量を数と見なしているが, デカルトはそれらを線分とみなしている点である。デカルト以前の数学では, 1乗は線分, 2乗は面積, 3乗は体積を表すものであり, 4乗以上は幾何学的直観を欠くための困難が存在していた。デカルトは, e を単位にとるとき, $e:a = a:x$ の x を a^2, $e:a = a:a^2 = a^2:y$ の y を a^3, ……と表す, すなわち, 現在の指数に当たるものを考えることによって,「次元の制約」を超えることができたと言える。そして, デカルトは, 作図題を解く場合, まずそれができたものと見なし, 作図に必要と思われる線分全てに記号を付け, これらの間に成り立つ関係（同一の量を2つの相異なる仕方で表した式, すなわち, これら諸量間に成り立つ方程式）を求める。この方程式を解くことが, 初めの作図題の解答を与えることになる。量は全て線分で表すことができ, 四則演算が全て線分で表され, そして, その線分は連続性を持っている。ここに, 一様な量を元とする代数学が形成されたと言える。デカルトの代数学が成立すると, まず, 問題の立て方がそれまでのものと異なってくる。ギリシャ数学の流れの幾何学では問題は個々別々

に解かなければならなかった。それに対し，デカルトは，「定規とコンパスを有限回使うことによって解くことのできる作図題はどのような特徴を持つか」と問い，「そういう問題においては，未知量を

$x^2 = ax + bb$, $x^2 = - ax + bb$, $x^2 = ax - bb$

の3つの型のいずれか1つの方程式における正の根に帰着させることができる」と答える。これは，それまでギリシャ人が「平面問題」と呼んだものが2次方程式に過ぎなかったことを明確に述べたことに他ならない。それまでは根を求めることが中心の問題であったのが，ここで，方程式そのものの性質や根の性質に着目するように変わっていることが分かる。デカルトは「幾何学」において，まず幾何学的問題から始めて，それを代数方程式の用語に変換し，それをできるだけ簡単にしてから，それを幾何学的に解くという手法をとっている。さらに，方程式の幾何学的解法においては，その方程式の次数に適した最も簡単な手法だけを使うべきであるとし，2次方程式に関しては，直線と円で十分であり，3次方程式や4次方程式に関しては，円錐曲線が適当であると述べている。さらに，デカルトは，これら上で述べたことを「全ての未知の問題を解決するための一般的方法」の実例と考えていった。そして，これが後の「普遍数学」の提案へとつながっていったと考えられる。

4．中国，日本における代数

4－1．『九章算術』における2次方程式

『九章算術』は現存する最古の中国の算術書（前1世紀－後2世紀）である。九章から構成され，延べ246個の問題が収められている。問題の後，「答曰く，」で始まる答えと，「術曰く，」で始まる解法が記述されている。演繹的な手法の西洋数学とは異なる，帰納的な手法である。中国の以後の数学書はこの記述方法を採り，これは日本にも取り入れられ，和算の記述方法にもなった。『九章算術』の中で2次方程式に関係する問題は，第4章「少広」の開方術（開平法）の問題であろう。その第12～16問がそれに当たる。第12問の記述を次に示す。

> いま面積が五万五千二百二十五平方歩の正方形がある。問う，一辺はいくらか。
> 　　答，二百三十五歩。

（藪内編，1980，p.133）

　後，開方術（開平法）が，算盤での算の移動によって記述されている。その方法は，その後の開平の一般的な方法となる「倍商法」の原型と見られる。（この方法は，後述する「道具的計算」に当たるものであり，和算の「そろばん」による「道具的計算」につながるものである。また，ここでの関心は，平方根の近似解にある。言い換えると，関心は「2乗して55225になる数は何か」にあると言える。）

4-2．和算における2次方程式
　算木による開平の記述は，中国の書，『算学啓蒙』（朱世傑著，1299），さらに『孫子算経』（孫子著，2世紀頃）にもある。そろばんによる「倍商法」での開平の記述は，『塵劫記』（吉田光由，1627）にみられる。これは算木による開平をそのままそろばんに応用したと思われる。江戸時代末期の『算法新書』（千葉胤秀，1830）では，開平に「倍商法」ではなく「半九九法」が使われている。半九九（平方数の半分の九九）を用いた開平の初見は，『算元記』（藤岡茂元著，1657）であると言われている（吉田他編，1996，p.53）。

4-2-1．『塵劫記』における2次方程式
　『塵劫記』初版本では，第25条「開平法」において，開平の記述がある。最初の問題を次に示す。

> 　坪数壱万五千百二廿九坪あるを四方になして一方はなにほとあるそといふ時
> 　　百廿三間四方と云

（吉田光由著・佐藤健一訳，2006，p.214）

この後，そろばんを4丁縦に並べての計算図と正方形を分割する面積図が順次示され，それとともに「倍商法」による解法が記述されている。この問題に続いて，「352125225を開平せよ」と「95140516を開平せよ」の2つが出題されている。

4-2-2．『算法新書』における2次方程式

『算法新書』では，巻二の中の「開平方」において，開平の記述がある。問題は次の2題である。

　　方積　百四十四歩のとき　　面何程と問
　　　答　面　十二寸

（千葉，1830, p.58）

　　方積　二千〇七十九歩三分六厘のとき　面何程と問
　　　答　面　四十五寸六分

（千葉，1830, p.59）

ここで使われている「面」とは正方形の一辺のことである。これら2題それぞれに，「半九九法」による解法の記述がある。そろばんの図と正方形を分割する面積図が併せて描かれている。

『塵劫記』の面積図は正方形の四角形による分割であるが，『算法新書』の面積図は正方形の四角形による分割に加えて正方形の三角形による分割がある。その三角形の面積を半九九によって求めている。したがって，『塵劫記』では自然数だけの扱いであったが，『算法新書』ではそれに加えて小数も扱うようになっていることが分かる。（このように，和算の「そろばん」による「道具的計算」の内部においても，扱う数が拡張されるなどの発展が認められる。）

5．日本における洋算の受容

柳河春三（1832-1870）の『洋算用法』（1857）は国際的記号を用いて西洋

数学を説明した日本最初の本である。ペリー来航（1853）の4年後，日本の開港の前年に出版された。『洋算用法二編』（1870）は柳河が病没した明治3（1870）に鶯尾卓意の著として刊行された。

『洋算用法』初篇における洋算の導入の様子は，第3章第2節3．(3)『洋算用法』において述べた。洋算には，10進位取り記数法の理解が必要になるが，和算の珠算においては，そろばん上の数の表現そのものが位取り記数法の原理に従っていて，筆算と同じ仕組みが実現されていた。だから，和算の素養があれば，この十進位取り記数法の習得は容易であったと推察できるとした。

次に，『洋算用法二編』原本を見ていく。この本の終盤において，開平・開立について記述されている。まず，「開乗法算術」の節で，平方および平方根が説明されている。ここでは，漢数字，インド・アラビア数字，アルファベットによる文字式，点竄術による表記などが織り交ぜて使われている。点竄術での表し方（|甲甲）と文字式（$a \times a$）が併記され，平方（自乗）が説明されている。また，縦横5個を並べた正方形を図示し，開平方や平方根が説明されている。さらに，右の図14．のような計算図が示されている。

「図のようにaとbを加えた数を自乗する時はまず初めのaとaを乗じa^2（点竄術での表し方（|ア巾）と等しい）を得る……」と図14．の計算を説明している。次の節「開平問答」の最初の問題は，144を開平するものである。アラビア数字を使った筆算を示し，詳しく説明している。その後，正方形の面積図を示し，先の計算の意味を詳しく説明している。第2問は，55225を開平するもの，第3問は，32160241を開平するものである。何れも第1問と同様，筆算と面積図を使って，開平方が詳しく説明されている。

$$\begin{array}{r} a + b \\ \times \quad a + b \\ \hline a^2 + ab \\ + ab + b^2 \\ \hline a^2 + 2ab + b^2 \end{array}$$

図14

6．代数表現の展開

今日の高校数学の基盤をなしている代数表現の確立に至るまでには，古代バビロニアからみると，4千年もの年月を要している。代数は，数の代わりに文字を使って計算したり，定理法則を研究したりするところに本領がある

第5章 文化的価値からみた中等教育を中心とする数学教育内容の批判的考察

数学であるが、一般的な数を文字で表して現在のように文字式を自由に操作し始めたのは16世紀のヴィエタである。代数はそこ当たりから始まると言える。図15. のように、そこに至るまでには、ネッセルマンが明らかにしたように、「言語代数」の時代と「省略代数」の時代を経なければならなかった。記号代数学に至る長い道程は全てこの「前代数」段階に当たる。この段階での展開の系列は、大きく2つに分けられる。「計算法」の展開と「記数法」の展開である。「計算法」はさらに2つ、インドを中心に展開しアラビアを経由しヨーロッパに伝播した「筆算」、ヨーロッパのアバックス、中国・日本の算木・算盤・そろばんなどによる「道具的計算」に分けられる。「記数法」も大きく2つ、「命数的記数法」と「位取り記数法」とに分けられる。それらは他と関わりを持ちながらそれぞれ展開していった。

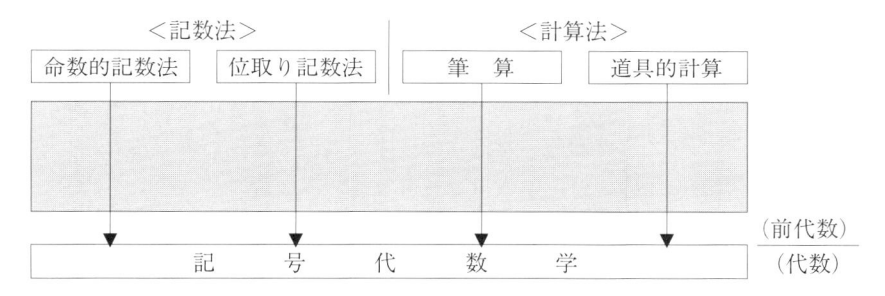

図15：代数学の展開

（図15. の系列の展開を表す矢印を包括する長方形は、矢印の示す各々の展開が他と関わりを持ちながらのものであることを示している。）

その長い道のりの後、ヴィエタ・デカルトの「記号代数学」が誕生した。これが、ネッセルマンの第3段階「記号代数」であり、真の「代数」段階であると言える。その後、この記号や式の力によって、数学や科学が急速な発展を遂げることになる。

では、なぜ、「記号代数」に至るまでにこれほどの長く困難な道のりが必要であったのか。1つには、未知数を文字に置き換えることに比べ、既知数を文字に置き換えることには相当な困難さがあったと考えられる。先に見て

きたように，古代バビロニア・ディオファントス・アラビアで扱われた2次方程式には，未知数は文字で置き換えられることはあっても，既知数（定数項や係数）が文字に置き換えられることはなかった。そのため，そこで扱われる2次方程式は個々別々のものになっていて，そのときの計算法で可能な型に限られたものになっていた。それに対し，「記号代数」段階のヴィエタ・デカルトの扱う2次方程式は，既知数（定数項や係数）も文字に置き換えられ，そこでは一般的な代数方程式としての自覚が認められる。ヴィエタが既知数も文字に置き換えることができた理由は，その直前の時の状況を見なければならない。ヴィエタは3次方程式も扱っているが，3次方程式を完全に解くという問題は，既に16世紀のイタリアの代数学者の主要な課題になっていた。また，中世にインド・アラビア数字の西欧への渡来があったが，15世紀には0，1，2から9に至る殆ど現在に近いものが既に使われ，16世紀には完全に現在のものと同じ数字と，それによる10進位取り記数法が既に使われていた。この方程式研究の進歩と最終段階の記数法の定着，そしてディオファントス『算術』に接すること等によって，先に述べた既知数も文字に置き換えることの困難さを乗り越えることができたと考えられる。

　この辺の事情を中国・日本の代数の流れで見てみよう。中国から日本に伝わった「天元術」は，ある問題を解くために1つの未知数の方程式（一元方程式）をつくり，それを解くための方法であり，それには算木が用いられた。「天元術」には，未知数は1つに限られ，係数は整数に限られるという制限があったため，表せる2次方程式も限られたものであった。「天元術」を用いた和算書『古今算法記』は，それ以前の遺題は容易に解くことができた。ところが，この書は，「天元術」では解けないような問題を遺題として提出したのである。和算の展開の過程で，このように「天元術」では解けないような問題を解くということが当時の要請となったようである。「天元術」では表せないような2次方程式を解くときも，一旦頭の中で整係数の方程式に直してから，算木に並べなければならなかった。これは大変な困難さを伴った。この頭の中での操作を紙上に書き表すことができれば，事は容易になる。この方法を発明したのが関孝和である。このように式を出す過程を「演段」といい，日本での筆算の代数は「演段術」と称された。それが「帰原整法」と呼ばれるようになり，ついで「点竄術」と唱えられるように

108

なった。「点竄術
てんざんじゅつ
」では，いくらでも文字を使うことが可能になった。数字は殆ど使わず，全て文字だけが使われている。複数の未知数を複数の文字で表し，係数は算木の形で表したのである。これが計算の見通しを格段に良くし，同時に計算の途中の誤りを少なくすることにも役立った。「記号代数」の一歩手前の段階，言わば「前記号代数」段階に達していたと言える。その後，和算は，この「点竄術
てんざんじゅつ
」によって，「円理」という高等算術に至ることになる。

　その後，日本は，西洋数学を導入することになるが，そのとき日本にはこの「点竄術
てんざんじゅつ
」があったため，洋算についてはそれを比較的容易に受容できたようである。ただ，その際，『洋算用法』等を見る限り，表面的に和算を洋算に翻訳しているに過ぎないことがわかる。「記号代数」の意味や意義といったその重要性を認識してのものではなかったようである。その後，和算を廃止し，表面的に受容した「記号代数」を「手段」としながら西洋数学を急いで取り入れることにのみ汲々とし，「記号代数」の重要性が省みられることもなかった。このことは，現在の学校数学における「代数表現」の取り扱い方，すなわち，数を文字に置き換える必然性が示されないまま「文字式」が導入され，これまでにみてきたような代数表現が確立するまでの歴史的経緯のダイナミズムにも触れることもないということなどから，十分に推察できる。現在の高校数学においては，「代数」や「解析」の習得を急ぐ余り，記号化や公式化をその習得の「手段」と考えそれも急ぐことになってはいないだろうか。教材の本質を見失わないためにも，「記号代数」を「手段」としてだけ捉えるのではなく，「記号代数とその表現」自体を学校数学の「目的」として捉え直すことが，今，必要であると考える。ここで，次の2つの課題を挙げることができる。

(1)　「前代数」段階から，真の「代数」段階への移行の際の困難性（特に，既知数を文字で置き換えることの必然性に関わる部分など）については尚一層の検討が必要である。

(2)　「記号代数」を「手段」としてだけ捉えるのではなく，「記号代数とその表現」自体を学校数学の「目的」として捉え直し教材化していく具体的な手立てが考えられなければならない。

第2節　算術・代数学分野の「受容」と現行の学校数学

要　約

　前章第2節において，藤澤『初等代数学教科書　上・下巻』(1898a・b) には文字の意義用法を十分理解させる記述があり，初等代数学は算術と共に和算文化に根差す日本に「受容」されたとみなした。しかし，それ以降の代数学の内容は，和算文化には無かったものであり，中等教育に導入された「代数」の「受容」については，初等代数学の文字の意義用法ではない，特に「数の概念」に係わる内容部分に対する検討が必要となった。本節でのこの検討では，特に小倉が忘れられたと心配した発生的心理的要素を常に念頭に置いて行った。

1．日本の数学教育が形をなす時代の「算術」と「代数」とその後

　先に，藤澤利喜太郎『算術條目及教授法』における「算術」と「代数」の概要をみてきた。これを押さえながら，これに関する佐藤英二 (2006, pp. 83-98, p.260) の記述を基に，日本の数学教育が形をなす時代の「算術」と「代数」とその後の経過の一端について，次にまとめておきたい。

　藤澤が「算術」と「代数」を分けた背景には，文字を使わなければ解くことが難しい問題等を「算術」から除き「算術」をなるべく簡易にしたいという意図があった。文字を用いなければ解き難い問題や数の一般的性質に関わる証明問題は，「算術」から，言わば「理論」は除かれなければならなかった。藤澤は，「算術」と「代数」を物理学における「実験」と「理論」の関係で捉えていた。(寺尾は，「理論」によって，「算術」と「代数」の一元化を目指していた。) 藤澤にとっては，「算術」の原理は演繹的ではなく帰納的に導かれるべきものであった。この場合，「算術」が扱う特定の数は，その場限りの意味しか持ち得ない数ではなく，その数の扱いを通して一般的な理論に至ることが期待された数であり，一般的な数の具体的表現である。具体的な数は，その最初に提示される「法則」の正しさを示す具体例であると同時に，次の法則を帰納するための「実験」の素材でもある。「法則」は，具体

第5章　文化的価値からみた中等教育を中心とする数学教育内容の批判的考察

例を実際に扱う過程で帰納的に得られる経験則である。

　藤澤の教育理論は，大きく次の2つの性格を持つものである。

　（学問的性格）；「算術」（術）を「代数」（学）への「道行き」として数学
　　　　　　　に繋ぐ理論。

　（社会的性格）；社会的な事象の導入によって「算術」を社会に繋ぐ理論。

　藤澤においては，上の「学問的性格」にみられるように，「算術」と「代数」は「道行き」の関係で結ばれていたが，そこには「算術」と「代数」の異質性が前提とされていた。藤澤は，「算術」と「代数」の本質については連続的に捉えていたが，両者の教育目的に関しては違いを積極的に認めていたのである。藤澤は，「算術」と「代数」を区別することによって，普遍的な数学思想を扱う領域を確保し，普遍的な数学の水準を引き上げる点で貢献した。菊池の弟子であった藤澤は，寺尾の「理論流儀算術」を「数学的特殊主義」と名付けて批判し，中等学校に学ぶ全ての生徒に意味ある数学教育を模索した。上の2つの理論を用意することによって，「算術」の学びを学問的にも社会的にも有意味なものとしようとした。社会（「算術」）と学問（「代数」）の双方において有意味な数学教育を模索したのである。

　しかし，第一の理論は「算術」からの代数的理論の放逐と同一視され，第二の理論は純粋数学を指向する教師の抵抗にあって根を失った。そして，彼の理論は，皮肉にも，1910年代において例題・説明・練習問題というスタイルが検定教科書を一様に支配する際の概念装置を用意するものとなった。このように，「算術」と「代数」を「道行き」として繋ぐ藤澤の構想が実現されたとは言えないのである。その後の数学教育においても，問題を解く技法の習得が理論の探求に結び付かないという問題状況が続いた。

　また，藤澤は，文字と証明を「算術」から除き帰納的方法を慎重に用意する一方で，社会制度に関する知識を生硬なままで教科書に取り入れていた。この教材編成論の未成熟の問題は，「中学校教授要目」制定（1902）から第一次世界大戦後の数学教育改造運動にかけて，数学教育と社会生活の連関が唱えられながら，藤澤の理論が実用主義として退けられたことの遠因となった。

　藤澤の『算術教科書』・『初等代数学教科書』と菊池の『初等幾何学教科書』・『初等平面三角法教科書』（澤田吾一との共編）を基盤として，「中学校

111

教授要目」と「高等女学校教授要目」が制定された。日清戦争を経て国民国家を確立する必要性が認識された後の1900年代は、数学教育の国民化が課題とされた時期であったが、これら教授要目の制定によって、数学教育の目的や内容をめぐる対立のこの時期は終わり、以後の教育論議は教授要目の分析と批判に方向付けられることになった。（佐藤英二，2006，pp.83-98，p.260）

2．板垣（1985）「形式不易の原理」考

　小倉金之助著『数学教育史』（1932）の終章は「日本における数学教育の建設時代」である。その中で、日本の数学教育の統一に大きく係わった藤澤利喜太郎について記述している。『数学教授法講義筆記』（1900b）にみられる、代数に対する藤澤の意見をまとめた、次のような記述がある。

　　　藤澤利喜太郎の代数学教科書は、また一代の名教科書であった。彼は代数を教育的にした。彼は文字の意義用法を十分に理解させた後に、初めて負数を取り入れた。彼は'整然たる、終始一貫したる精神ある、トドハンターを称賛して、チャールス・スミスを排斥した。日本の代数教育は彼の負うところ極めて大なるものがある。
　　　しかしながら、彼はピーコック、ド・モルガンあるいはハンケルの使徒として、形式不易の原則を高調し、負数分数に係わる計算法則をすべて'規約'と見なしたとき、そこには発生的心理的要素が忘れられた。それは代数を形式化し、固定化した。さればこそ彼は函数概念の導入を排撃したのであった。（小倉，1932，pp.348-349）

　前節において、藤澤『初等代数学教科書　上巻』（1898a）には文字の意義用法を十分理解させる記述があり、初等代数学は算術と共に和算文化が根差す日本に「受容」されたとみなした。しかし、それ以降の代数学の内容は、和算文化には無かったものであり、中等教育に導入された「代数」の「受容」については、初等代数学の文字の意義用法ではない、特に「数の概念」に係わる内容部分に対する検討が必要である。

112

第5章　文化的価値からみた中等教育を中心とする数学教育内容の批判的考察

2-1．はじめに

このことに関する検討を行った論説がある。「有理数の観念について―'形式不易の原理'観の変遷を通しての考察―」(板垣芳雄，1985) である。まず，この論説の目的について次のように述べられている。

> この小論の目的の一つは，上の引用文にある「形式不易の原理（原則）」なるものに基づく数概念を，数の抽象代数的定義との関連で分析することにより，「分数」や「正の数，負の数」の，それを教育する側にとって，あるべき理念について考察することである。その分析作業を，再び小倉の「数学教育史」によって，そこに転写されている前記「初等代数学教科書」の緒言を読むことで続けることにする。(p.2)

この論説の論の流れに沿いながら，藤澤が代数学に位置づけた「形式不易の原則」はどのようなものであったかをここでみていきたい。

『初等代数学教科書』の緒言で説明されている，「形式不易」の働くところは，次の3点に要約できる。
(1) 負数分数についての計算法則は，自然数についての計算法則を保存するようにという要請のもとに決まる。
(2) こう決めて，(拡張した数についても形式は保存され) 矛盾が起こらない。
(3) 形式が不変であるように決めよ，という要請にしたがって計算法を決めても矛盾が起こらない，という大原則については生徒には説かない。

この(3)の点で，藤澤のいう原則は，今日の数学理論に慣れた者からは誤解されやすいものであるが，単なる数の拡張上の指導原理とは違うことがわかる。実際，不尽根（無理数ベキ根）についても一般の無理数にも，原理にしたがって計算の規約を工夫すると，それはいつもよく当てはまり，それは，あたかも物理学において，エネルギー保存の法則が真理であるとするような真理であると考えているのである。板垣 (1985) は，次のように述べる。

> 原理は，単に数拡張のよりどころではなく，数の算法についての真理としており，「形式不易性」は数概念の視方そのものを具現しているのである。いいかえると，原理は，数学のことというより，むしろ数学の

根本理論（メタフィズィック）に属することであった。だからこそ，その観点は数学教授法の根本にかかわる。

　代数学の抽象化はこのメタフィズィックを数学にくり込み，それを学んだ藤澤の教え子たちにとって，(2)の形式保存性は，あいまい性のない，証明されるべき定理と理解されるようになる。そして，あいまいな原理の(3)の意味は，数学の興味の対象外に去る。その変遷を以下に論ずるのであるが，このような厳密化が推進されて，学校数学が数を教えるのによりどころとすべき数概念が明らかになったということではない。むしろ，抽象代数の普及を通し，数の公理的把握が一般化した結果，教授する側の理念が，明治末のそれより，小倉のいったのとは違った意味で，一層「形式化し，固定化した」ものになっていないか，と考えてみたい。数概念において「発生的心理的要素」を，旧い数学書で手繰り探ろうと試みたのがこの論文である。したがって，わが国の教師が教えている，有理数（分数，負の数）とは何か，何であるべきか，を基本的問いとしている。以下，内容はつぎの5節からなる。

§2．藤澤のいう形式不易の原理が意味している内容を，教科書を解説した講義により，具体的に見る。

§3．形式と形式不易性を，高木『新式算術講義』にしたがって述べる。ここでは，原理は，数の拡張の一原則とされ，(3)の意味は消える。

§4．原理の意味のうち新しい数を作る要請としての部分(1)も，藤原「代数学」では主要関心事ではなくなる。拡張の指導原理として形式不易の名を記してはいるが，集合的把握で「数」概念が変質していることを見る。

§5．数の公理・形式主義の見方に，「形式不易」性がどう吸収されているかについて論ずる。

§6．以上の論述を基に，「数」の実在感の変遷について記し，「分数」の教育，「負の数」の教育の内容論序説とする。(pp.2-3)

2-2．数え主義と規約としての算法

「§2．数え主義と規約としての算法」をみていこう。

第 5 章　文化的価値からみた中等教育を中心とする数学教育内容の批判的考察

……明治三十二年の文部省の夏期講習会に藤澤教授が講義された事柄を『数学教授法講義筆記』として翌三十三年に出版されたものがある……
（略）
　本論はこの『筆記』だけを資料とし，本節ではそのうちでも主に第14回目の「負数」「分数」についての所説を引用することになるが，論述上，大きな誤ちはないと考える。
　藤澤は，負数や方程式を扱う「代数」を，一貫した精神に基づいて書いている。それは，つぎのように「算術」の書物から貫かれているものである。
　「此書物の冒頭に1に1足して2，2に1足して3，3に1足して4，……と云う如く次第に1足して行くことを数ぞえると云い，数ぞえて得たる1，2，3，……を数というと箇様に書いてありますが，此れは算術の発端を何うするかと非常に苦心して最も深き意味のある且最も重要なる数ぞえ主義を以て冒頭に置いたので，徹頭徹尾此書物を一貫したる精神は実に此数ぞえ主義にありと云うことを表わしてあるのです。」
（略）
「数の観念は外界を離れて存在するものなり」「数は数なり」主義による藤澤の算数教授論を本稿が扱うわけではない。本稿の目的は，19世紀末から20世紀にかけての数学研究の動向がわが国にどう受容されたか，数冊の日本語の数学書を通して描き，間接に，学校数学のあるべき数概念を考えることである。(pp.3-4)

このように，藤澤にとって，数は，「数えることより起り」，数えることを通して，万人が共通に獲得できるはずのものであった。その自然数に対し，分数や負の数はどういう実在なのかについて，次に述べられている。

　「分数は……つまり数の割り切れない場合の割り算から出来た……一つの新しき数」であり，「分数を以って掛けると云うことは本来意味のないことであります。故に其掛けると云う言葉には勝手な意味をつけて宜敷いのです。」
　分数について自然数と同一には数えられない，分数の掛ける算法は証

115

明されることではなく，（勝手に）定義されるべきことである，と説明しているのである。「分数に分数を掛けるとは全く規約的のものなり。」

負数についても同じで，「計算が先天的に定まって居ると思うのは大なる謬見であります。……其記号も必ずしも－1，－2，－3，……としなければならぬと云う訳でもありません。」と解説する。(p.4)

そして，このような演算法則は規約である，すなわち定義されるべきこと，という観点は，くり返し説かれねばならなかった。しかし，全く勝手に定義したのでは応用が効かない。交換の定則さえ成り立たなく決めたのでは大層繁雑となって困ることになるだけではなく，一向に役に立たなくなってしまう。だから負数は全く整数（自然数の意）と同一に取扱うものだというように規約するのであるという。では，藤澤が，負数をどう説明しているか，次に述べられている。

以下にそのアウトラインを記すと，いま，仮りに
$a_1 = 0 - 1$，$a_2 = a_1 - 1 = 0 - 2$，……
として，新しい数 $a_1, a_2, a_3 ……, a_n ……$
を得る。これらに正数を加えるあるいはこれらから正数を引くことは，「数の自然列によって整数のときと全く同様にして」負の数を作ったとしていることになる。正数を加えたり引いたりすることは，順番の移動である。

負の数を加えるの意味はどう定めるか，それは，「整数の場合と同じ法則に従う様にすればよい。……
$a + (-c) = (-c) + a$ ……
（a に負の数 $-c$ を加えることは），$-c$ という自然列の中の何れかにある数に a を加えるのと等しく，$-c$ より a だけ右に行く，即ち a から c だけ逆戻りするのと同じこと」になる。「そうしますと，負数を加うるには其絶対値を引け，ということになります」。したがって，「引くとは加うることの反対ですから，負数を引くとは其絶対値を加うることなり，と云うことになります」。

掛けるについても，同じで，正の整数を掛けるのは累和により定ま

第5章　文化的価値からみた中等教育を中心とする数学教育内容の批判的考察

り，負の数を掛けるのは可換法則を基に定義すれば善い。
　以上のように，形式不易の「形式」は，その全体が明確に提示されているわけではない。つぎのような式も形式のうちに数えている。
　　$+(+b)=b,\ +(-b)=-b,\ -(+b)=-b,\ -(-b)=+b$
b が正のとき真であるこれらの式は，負のときも真であることが験される。すなわち形式不易の原理が成り立っている。
　前節で，「自然数についての計算法則（形式）を保存するようにという要請で」と書いた。この形式についての要請は，今日いう二項演算に関する公理とは，意味においてかなり隔たりのあることがわかる。(p.4)

藤澤の負数の説明に使われている「形式不易の原理」は，二項演算の「公理」と意味合いがかなり異なっているとし，次のように述べる。

　<u>藤澤の教科書は，数学教育に，一つの数観念からする一貫したる精神をもち込んだ革新的なものだったのであろう</u>。(p.4)（下線は筆者による）

さらに，その後の数学研究の動向について，次のように述べている。

　しかし，数学研究の基礎への関心は，分数や負の数の演算を規約と観る立場を通り過ぎ，複素数やベクトルなど一般「数」の中の数としてその構造を観る方へと移って行く。<u>自然数さえも公理で定義されるものとして「附け味絶無」な集合にされ，定則（形式）だけが生き残り，その結果，自然数の造物主（西欧の神）や「数」界の大原則も</u>，いつの間にか姿を隠してしまうことになる。
　なお，いくつかの未定義概念から出発するペアノの公理（1889）が一般に知られるようになるのは今世紀に入ってからである。Hilbert も自然数についてのペアノの公理を知らずに実数の公理系を考えたようである。林鶴一・柴山本弥の『数の概念』(1911)によれば，ペアノの公理は，当時の日本で知られていなかったことが推測されるという。(pp.4-5)（下線は筆者による）

117

2-3. 拡張上の要請としての算法形式

「§3．拡張上の要請としての算法形式」をみていこう。

高木貞治著『新式算術講義』は，著者が欧州留学から帰国して数年後の明治37年（1904）に出版されている。この書は，算法の「形式」を明確に記述している。まず，順序関係をもとに，自然数を整数に，さらに有理数に拡扱し，演算を導入している。四則算法の性質として，演算法則が証明されている。四則算法の形式上の不易は，「算法汎通の要求を以て数の範囲を拡張するの動因となし得べき」という「見地」であり，この見地による数の拡張は，見地とは区別される。しかも，<u>一般の無理数を定めるには，この原則以外の成立脚点を求めねばならぬ</u>，と明言している。この点でも藤澤の考えていた原則と違ってくるのである。

また，大小をもとに負数を導入したところで，順序関係はすでに公理の意味で説明され，これは，整数の「定義に外ならず」と注記している。「(しかし）公理の語誤解を起すの慮ありと信ずべき理由ありて，故らに之を用いざりき。」と言っている。

一方，「数学最新の展開により占め得たる立脚点より」書いた数の解説書は，主題と展開において，藤澤の意図を多くの点で引き継いだものである。例えば，「算術教師が算術の知識を求むる範囲，其教うる児童の教科用書と同一程度の者に限らるること，極めて危殆なりと謂うべし。」と述べている。板垣（1985）は，次のように続ける。

　　意向を継ぎながら，数概念についての新しい立脚点を解税して，日本の当時の水準に対し西欧の高設を提供したものであったであろう。藤澤の『筆記』と比較することにより，その高みを具体的に見ることにする。

　　まず，形式は，『新式』にあっては，自然数についての加法，乗法が満たす演算関係であり，可換・結合，分配法則であって，それ以外のことではない。どんな二つの自然数についても，減法あるいは除法の解があるように，新しい数を決めて，しかも，それら新しい数の間の算法を，形式を保存するように決める。したがって，算法は，勝手に決めてよい規約ではない。「形式不変性」は，数と，数の算法を拡張・定義す

第5章　文化的価値からみた中等教育を中心とする数学教育内容の批判的考察

る際にわれわれ（人間）を導く原理，いわば指導原理である。

　そういう風に算法を決めて矛盾することがない，という部分は，もはや原則ではなくて，数学的に証明される定理である。『筆記』とは違って，形式は，輪郭のはっきりしない性質ではなく，数学の研究対象として，定義されたものになっている。「後に矛盾撞着するところなき」とは，新しい数と新しい算法が，またその形式を満足する，ということである。藤澤においてメタフィズィクであった大原則が，高木では数学の定理に引きずり込まれているのである。

　形式不易の要請が，神意に寄るものではなく，形式不易性も人間によって証明されるべき定理となれば，出発点の自然数も同じ形式を介してその全性質が決まるものと理解することは易いであろう。形式で把握した数の観念は，素朴に「数えること」にもとずく数とは，抽象化の層で違う。数についての考え方，いいかえれば観点は，教育書の精神を作る基である。観点における神の追放は，算数教育のよりどころを定め難くしたといえないだろうか。(p.5)（下線は筆者による）

　藤澤が算術・初等代数学に導入した数の概念は，形式（数学の定理など）で把握されたものではなく，素朴に「数えること」に基づいたもの，即ち「数え主義」によるものである。そして，藤澤の謳う「形式不易の原則」は，数学的に証明される定理や勝手に決めてよい規約ではなく，形而上学的ともいえる指導原理であるといってよい。さらに，次のように述べる。

　　ところで，この形式による数の拡張は，まだ，今日の公理主義による定義になっていない。同値類の考えによる新しい数の構成とも考え方は大分違う。そのような相異を作っているところを，『新式』の第7章の記述順をたどりながら見ることにする。ただし，乗法に基づく自然数から分数への拡張のこととして記す。『形式』には，可換・結合法則のほかに，逆元の一意性も含める。(p.5)（下線は筆者による）

　これは，集合の考え方で，逆算について「閉じている」と表現されるようになっている。さらに，次の節で，同値関係を基にした分数の構成と比較し

119

ながら，数の拡張に関する考察を進めている。

2-4. 分数の構成と演算の定義

「§4. 分数の構成と演算の定義」をみていこう。

> 藤原松三郎著『代数学・第一巻』(1928) は，緒言によると，東北大学における講義を骨子としたもので，「読者に対して初等数学以上の知識を何等予想して居ません」という。その「第一章・有理数体」で，ハンケルが「数の概念の拡張に際して吾々を導く原則」としたものとして「算法の形式上不易の原則」を説明している。しかし，同じ名の原則を記しながら，有理数は，「2整数の対として定義された新数」となって，『新式』の所論と大きく違ってくる。以下それを，前節の番号で対照しながら，見よう。(p.6)

そこで，前節で述べられた『新式』の「乗法に基づく自然数から分数への拡張」を，記述順と番号も併せて，次に明示しておく。

(1)	逆元が存在しない場合，$a \times x = b$ となる x として，新しい数 $x = \dfrac{b}{a}$ を考える。
(2)	新しい数 $\dfrac{b}{a}$ と $\dfrac{b'}{a'}$ について，$\dfrac{b}{a} = \dfrac{b'}{a'}$ となる条件は，(形式不易の要請により) 証明される。
(3)	新しい算法 $\dot{\times}$ は，$\dfrac{b}{a} \dot{\times} \dfrac{b'}{a'} = \dfrac{b \times b'}{a \times a'}$ となる。
(4)	(1)の関係式 $a \times \dfrac{b}{a} = b$ は新しく決まる算法 $\dot{\times}$ と（新しい数ではない）自然数 a, b についても成立する。
(5)	新しい数を加えた全体において，逆元は常に存在し一意である（除数 $\neq 0$）。
(6)	加法は分配則から決まる。

これに対し，藤原松三郎箸『代数学・第一巻』(1928)では，「乗法に基づく自然数から分数への拡張」のところはどのようになっているか。

相等，和，積は，定義として最初に与えられている。すなわち，(2), (6)による和，および(3)の積はここでは規約とされている。それに伴い，形式不易の要請から決まる，という理由とその説明は省略されている。分配則(6)は，(5)とともに，これら「数」の集合について直ちに証明されることになるのである。(1), (4)は，整数を分母1の分数と同一視するという操作によって，変更を強いられる。例えば，(4)の考察は，整数全体から商体への一対一写像の存在性のこととして解消されることになる。

つまり，形式不易の要請は，相等，和，積を定義とすることにより省かれていて，そういうふうに定義すると形式が保存されるという「形式不易の大原則」の中味は，定義された演算および大小関係について成立する性質とされているのである。この扱いは，『新式』にあった，大小関係を基にした有理数への拡張と，同じ原理によると言ってよい。形式そのものが関心の対象にされていて，拡張の動因も立脚点も定義の設定として解消され，大小関係による拡張と同列になったといえる。

さらに，板垣（1985）は，次のように続ける。

　　しかし，「演算に対して同一視出来る」というとき，形式である演算関係で決まるものが数である，という逆方向に数を考える抽象化へはもう一歩のところにきている。ここでは，形式は，もはや「不易」なものとしてでなく，「不変」なるように，あるいは，結果として「保存」されるものとされている。自然界の真理のようにみての名称「不易」は，またたくまに色あせたものになってしまったといえよう。

　　色あせたのは，「大原則」が後進の批判にさらされてではない。数の観念についての論争は日本になかった。<u>先輩の吸収した洋学の知識の上に，後進がそしゃくしていった西洋の数学が，原理の意義を変質させていったのである</u>。藤原も，「大原則」や『新式』を学んで，ドイツ，フランスへ留学したことであろう。<u>藤澤の教科書が指向したものは，日本の数学にとっても新しい基盤を作り，日本の数学教育に今日に及ぶ影響を与えていると推察される</u>。藤原松三郎（1881 - 1946）の「微分積分学

121

1」(1934) は「此書を恩師　藤澤利喜太郎先生の霊前に捧ぐ」としている。(p.6)（下線は筆者による）

そして，この藤澤の教科書の原形を含む，トドハンターの教科書について，次のように言及している。

はじめに記した小倉金之助（1885-1962）『数学教育史』(1932) は，扉に「この小著を恩師　林鶴一先生に捧ぐ」と記す。再びこの書の解説（この節末に引用しておく）によれば，藤澤が称賛したトドハンターによる『代数初歩』(1863) は，藤澤の教科書の原形を含んでいる。ここで忘れていけないことは，トドハンターの教科書は，ハンケルが「形式不易」と命名した原理を載せた本 (1867) や，クロネッカーが「自然数以外の数は人間が作った」と書いた論文 (1887) よりも前のものであることである。

「正負数の計算規則のごときは，具体的説明によらずに，規約の形で与えられる。方向その他の具体的実例によっての負数の説明は，この書の中には明示されていないのである。

すべてが形式的・論理的であった。材料も順序も，この見地から統一されていた。しかも比較的に理解し易く書かれたところに，この書の強味があったのである。」(p.7)

2-5．公理系で規定される演算と数

「§5．公理系で規定される演算と数」をみていこう。

前節において，分数は，自然数の対として構成されたものという考え方には，形式不変性の要請の部分が消えると述べられていた。したがって，分数や負の数は人間が勝手に定義したとする見方に通じると考えられた。

一方，自然数や分数は，個数や量の大きさを表すものとして，記号を伴って現に存在するものであるが，負の数になる大きさの量や，$(-1) \times (-1) = 1$ に当たるような量はない。現実に存在する数も，現実場面では該当するものがない演算に従う観念的な数も，ともに同じ「形式」に支配される観念としてとらえるならば，それらはともに「公理」によって定まる対象という

第5章　文化的価値からみた中等教育を中心とする数学教育内容の批判的考察

ことになる。板垣（1985）は，次のように続ける。

　　そこでは，自然数と負の数とで，片方だけが神の創り物と差別する観点は消える。自然数も公理で定義される集合で，その点で有理数と同列である。集合的記述が一般化している今日の数学で，この同列化は各所で抵抗感なく常用される。しかし，造物主の神意や，拡張上われわれ人間に課した要請といった意味も，公理・形式に負荷しないのであるから，算数や数学で指導する「数」の理念について，教育心理の側面で積極的に何かを教えてはくれない。これら長年にわたって形成され現に使用している数の数学的構造については，明瞭に，それを描いてみせてくれても。では，その描像によれば，形式不易の原理の神意や不変性の要請，形式の保存はどう描き込まれることになるのであろうか。(p.7)

　そのような点，すなわち自然数の代数的拡大としての分数や負数について，板垣（1985）は，次のように観照していく。

　　自然数全体Nは，加法（あるいは乗法）に関して，群に準ずる構造をもっている。整数全体Zは，Nを含む最小の群である。形式不変性の要請で加法について拡大した群がXであるということは，NからXへの一対一写像jがあるような，そういうXの存在性と，そのような群Xのうちでの最小性と，二つのことに分離して表現される。前節に記したNの元によるZの構成では消えた，拡大についての「要請」が，公理化で，内容を変えて（神意を落として）再登場したことになる。
　　一方，拡大しても矛盾なし，という大原則は，やはりXの存在性に当たる。Nとjでつながる群Xを考える，という操作によって，この形式保存性の個所は，もはや前節のように定義に基づいて調べるべき内容でもなく，第3節でのように，新しい数と演算とについて検証すべき定理でもない。形式・公理主義の考え方の以上のような側面を，数学対象の集合的把握に起因するとするならば，集合の考え方は，本来高度に抽象的なものであることがわかる。たとえば，「演算について閉じている」という見方は，歴史上は生まれたばかりの非常に新しいものである

と考えられる。前世紀から今世紀へかけての，数学思想のこの展開部分は，日本の数学研究が本格的に始まる前のことである。欧化の時代は，研究の専門分科が進んだときでもある。留学者個々人は，各分科のそしゃく吸収に苦心したことであろう。(p.7)

その様子は，数の観念の場合，高木『数学雑談』(1935)を通じてもうかがわれるとし，次のように続ける。

『雑談』は，「6. 自然数論」が最後で，この章では「附記」までつけ，ペアノ式とデデキント式を丁寧に対照，考察して，つぎのように結んでいる。
「今から三十年前に数学の整数化 (arithmetization) が何でもないことのように宣伝されて，その惰力が今でも残っているようだが，自今数学基礎論はそれの跡始末にまごついている。」
他の章では，整列可能定理や非ユークリッド幾何についても解説しているが（命題の真偽の偽にこだわり非真といったりする），数についてだけ見ると，複素数・四元数，無理数，自然数の順に語っている。『新撰』や『新式』とはまた違った思考振りが，その配列にも現れているのである。『新式』は，『雑談』の「4. 無理数」によれば，「数」でなく「量」の論の上に無理数論を試みた最初の書である。本稿はこれまで量のことに触れずにきたが，藤澤の代数教科書から弾き出された数の観念のこととして，ここで簡単に触れておかねばなるまい。「分数の起源は量を計るにあり」，「有理数はもと量の概念より生じたものである。」(pp.7-8)

次に，この『雑談』において，量について発言している部分が引用されている。

「……素朴なる幾何学的直覚から独立して，無理数論を確立することの必要を認めて，且つそれに成功した（中略）これらの諸家が量と数との差別を強調したのは当然である。それは，しかしながら，「克服されたる立脚点」である。何時までも，戦々兢々として，量に触れることを

第5章　文化的価値からみた中等教育を中心とする数学教育内容の批判的考察

これおそれるのが，解析教程の能事でもあるまい。連続的量論と切り離した無理数論は存在理由を欠くものであろう。連続的量論を確然たる基礎の上に築き上げて，それを無理数論の背景にすべきこと，当然である。」(p.8)

板垣（1985）は，次のように続ける。

　連続的量を基にした分数は自ずといままで考察した分数の場合とは違う数のイメージを結像することであろう。公理による記述は，幾何学的量のイメージにとってこそ直截で，原初的なものであるともいえる。今日の解析教程で，その形を踏襲するものが多くなったのは故無しとしない。「小冊子134頁の中，第一章「自然数」は1－18頁を占めている」E. Landauの『解析の基礎』に対し，高木の『解析概論』(1938)は「克服されたる立脚点」を解説することを「基礎」とはしていない。『概論』では，「無理数論」は「附録」にまわし，それをつぎのようにいってから書き始めている。
　「数の概念を根本から考察するには，自然数の理論から始めねばなるまいが，それは現今むしろ数学基礎論に属するであろう。解析概論の立場に於いては，本書（第一章）§2に述べたデデキントの定理を出発点とすれば十分であろうと思われるが，十九世紀からの慣例に従って，一応無理数論の解説をする。」
　弱冠23才で『新撰算術』を書いて以来，数とは何か，という問いに高木は何度も返ってきた。『解析概論』は，昭和11年（1936）に停年退職して2年後に出版された書である。高木は，その後，数学書をもう一冊書いている。それは『数の概念』(1949)であった。(p.8)

2-6．代数形式の不易性と数学の整数化

「§6．代数形式の不易性と数学の整数化」をみていこう。
前節の数学全体に一般化された公理化について，板垣（1985）は，次のように述べている。

数学の公理化は，非ユークリッド幾何の発見と歴史上係わり深い。数の公理化の研究もそれと無縁ではない。数学全体に一般化した公理化は，しかし，上にみたように，神あるいは実在についての新たな問題をはらんだことになる。
　ユークリッドの公準は，作図可能性を表現しているとみられる。それゆえに，ユークリッド幾何の点や直線は，存在感に裏打ちされたものであった。虚数は，図表示と結びつけられて広く認知されるようになったことを思い出す。
　<u>今日，公理主義の行き過ぎが反省されているように，公理は数学研究の母ではなく，数学記述の近代的方式と考えるべきで，それゆえに常用されているのだとみたい。危倶される点は，その公理方式に慣れた教師とって，子どもがそのときそのときに出会う神々が見え難くなっているのではないかである。</u>（p.8）（下線は筆者による）

板垣（1985）の論説では，このような危倶意職が，「形式不易の原理」考を通して表現されている。ただ，歴史事実の点では不完全なものであり，最後に，いくつかつけ加えることで補いたいとして，次のように論説を結んでいる。

　Poincaréは，算術（arithmetic）は公理化によって正当化することはできない，と主張している。彼にとって数学的帰納法は，有用な公理系の要素にはなり得ない，公理に基礎づけられるものに先んずる，基本的直観である。
　人間の心が作るものとその創作とを支配する原理が，心の外にあることにおいては，数学とて例外とは考えられなかったといえよう。自然数や帰納法の原理は，人間が任意に造るものではなく，したがって人間の心が作る公理で完全に規定されるものではない。
　いろいろな数は人間の頭脳の生成物と承ることもできよう。しかし，空間は，数学はすべて人間の生んだものと考えることもあったGaussにとってさえ，心の外にある真実であったようである。算術・代数を基礎において空間を記述しようとしたRiemannも，真実としての空間が，

多分局所的にユークリッド的なものとして，先験的に，存在すると考えたようである。

　このような真実の存在や，心が作るものと，創作を支配する原理について，数の構成法や，公理的記述が解答を与えてくれるわけではない。自然がそもそも公理的か，公理主義の数学による自然認識がそうでない認識と比較してどう優れているか，という問いに，公理主義は答えない。いいかえれば，もし数学が公理主義で律せられるものとすれば，その数学だけから，数学教育はよく探求されないことになる。公理的方法の主張者 Hilbert 自身が，生成的方法は教育的および発見的価値をもつ，といっている。しかし「我々の知職の内容を決定的に記述し且完全に論理的に保証するには公理的方法の方が尚優れている」というのが，彼の見解であった。

　藤澤の教科書について小倉が心配した「発生的心理的要素」は，その後忘れられることがなかったにしても，現行の教科書は，発生的要素を十分配慮したものになっているであろうか。

　代数式は，式の文字が負数でも無理数でも虚数のときでも成り立つ，というのは初め経験則であった。記号の代数の根拠を，自然数についての算術にとったのが，Peacock の「形式不易の原理」(principIe of permanence of form)（1833）である。それは D. F. Gregory 等に支持される。De Morgan は量代数の法則を記号の代数として公理の式を記している（1849）。ただし，今日の数の公理になっていない。「等しい者に等しい者を加えれば等しい」のようなものも含む代数の法則である。だから，「原理」の根拠はこれら代数の法則に基づく，と主張しても，なぜ実数がこの「形式」にしたがうかについては答えていない。「原理」の意味のこのあいまい性は，藤澤の説く「大原則」が引き継いでいたものである。代数の厳密な基礎づけへの最初のステップは，複素数を実数から論理的に構成されるものとする Hamilton の仕事（1837）であった。分数の構成（§4）の前に（§3）紹介したような，人間が数を拡張するときの指導原理の意味に使うのは，それより後のことである。

　「有理数はもと量の概念より生じたものである。量の概念を離れて，形式的に有理数を取扱うことは，Grassmann（1844）に始まり，ついで

Hankel (1867) に論ぜられた。」
数で形式（公理）を教え，あるいは形式の眼鏡を通し数を教え，負の数や形式の後で文字式を教える，現行の「系統」が，藤澤の教授法の系統とどう比較されるかは，今日的な問題であろう。(pp.8-9)（下線は筆者による）

今日の中等教育における代数分野の系統は，数で「形式（公理）」を教え，あるいは「形式」の眼鏡を通して数を教え，負の数や「形式」の後で文字式を教える，というものであるが，この現行の系統こそ，小倉が忘れられたと危惧した発生的心理的要素を十分配慮したものになっているか，が問われなければならない。

3．日本の数学教育の初等代数的基盤

前小節 2．で述べたように，小倉金之助著『数学教育史』(1932) の終章には，次のような記述があった。

> 藤澤利喜太郎の代数学教科書は，また一代の名教科書であった。彼は代数を教育的にした。（中略）形式不易の原則を高調し，負数分数に係わる計算法則をすべて'規約'と見なしたとき，そこには発生的心理的要素が忘れられた。(pp.348-349)

確かに藤澤『初等代数学教科書』には文字の意義用法を十分理解させる記述があり，初等代数学は算術と共に和算文化が根差す日本に「受容」されたとみなすことができる。しかし，それ以降の代数学の内容は，和算文化には無かったものであり，中等教育に導入された「代数」の「受容」については，初等代数学の文字の意義用法ではない，特に「数の概念」の内容部分に関わる学校数学の基盤検討が必要であると考えた。本小節 3．では，主にその検討を行った。

3-1．藤澤『初等代数学教科書』(1898) における負数
上の 2．板垣 (1985)「形式不易の原理」考から学んだ視点を持って，こ

第5章 文化的価値からみた中等教育を中心とする数学教育内容の批判的考察

こで，藤澤『初等代数学教科書 上巻・下巻』(1898a・1898b)における負数及び分数がどのように取り扱われているかを詳しくみておきたい。

まず，藤澤『初等代数学教科書 上巻・下巻』の目次を次に挙げる。

初等代数学教科書上巻

　　　　目　　次

第一編　　緒論
第二編　　整数ノ加減乗除
第三編　　一次方程式
第四編　　負数及分数
第五編　　代数四則
第六編　　一次方程式ノ続キ
第七編　　連立一次方程式
第八編　　公式及因数
第九編　　最大公約数及ビ最小公倍数
第十編　　分数式

　問題ノ答

初等代数学教科書下巻

　　　　目　　次

第十一編　　分数式ヲ含ミタル方程式
第十二編　　二次方程式
第十三編　　分数式ヲ含ミタル方程式ノ続キ
第十四編　　無理式ヲ含ミタル方程式
第十五編　　高次方程式
第十六編　　連立方程式

129

第十七編　　冪及根
　第十八編　　指数
　第十九編　　不尽根数
　第二十編　　比及比例
　第廿一編　　級数
　第廿二編　　順列及組合
　第廿三編　　二項定理
　第廿四編　　対数及年金算

　問題ノ答

　術語ノ英訳

　次に，藤澤『初等代数学教科書　上巻』（1898a）第四編「負数及分数」の冒頭部分を引用する。

　　第四編　負数及分数
47．此所マデハ文字ハ総テ尋常ノ整数ヲ代表スルモノトセリ，サレバ，aヨリbヲ引クコト得ルハa＞bナル場合ニ限リ，aヲbデ割ルコトヲ得ルハaガbノ倍数ナル場合ニ限レリ

　上ノ二ッノ制限ガ代数計算上ニ及ボセル不便少カラズ，唯一例ヲ挙ゲンニ，加号減号ヲ以テ結ビ付ケラレタル代数式ニ於テ項ノ順序ヲ変フルニ際シ吾人ハ恒ニ小ナル数ヨリ大ナル数ヲ引クガ如キ場合ニ立チ至ラザル様ニ注意セザルベカラザリシ而シテ此困難ハ式中ノ文字ノ数値ヲ知ルコト能ハザル場合ニ於テ特ニ顕著ナリトス

　且ソレ代数計算ニ制限アルトキハ之ニ依テ得ルトコロノ結果モ亦其影響ヲ被ムルベキヤ明ラカナリ，元来代数学ノ目的トスルトコロハ之ニ依テ得ルトコロノ結果ガ出来得ル限リ広ク一般ニ通用スルニアルガ故ニ斯クノ如キ制限ノ存在スルハ甚ダ好マシカラザルコトナリ，設シ適当ナル方法ニヨリ此制限ヲ撤去スルコトヲ得バ其代数計算ヲ自由ニシ，文字ノ効用ヲ拡張スルコト多言ヲ俟タザルベシ

130

第５章　文化的価値からみた中等教育を中心とする数学教育内容の批判的考察

数トイフ辞ノ意味ヲ推シ広メ次ニ論ズル負数及分数ナルモノヲ数ノ中ニ仲間入セシムルト同時ニ上ノ制限ハ自然ニ消滅スベシ（pp.81-82）

ここで，負数及び分数を代数学に導入する意義が，代数計算の制限を取り払い，適用を一般的なものへと拡張し，代数計算を自由にすることにあることが明示されている。その意義の下に「数」の拡張を行うとし，「負数」を次のように導入している。

　負数
48．整数ヲ順ニ並ベタル
　　　　1，2，3，4，5，6，7，8，9，10，11，……
ニ就キテ考フルニ左ヨリ右ニ進ムニハ，1ニ1足シテ2，2ニ1足シテ3，3ニ1足シテ4，……次第ニ斯クノ如クシテ1ダケ宛大ナル数ヲ得，今此中ノ任意ノ数例トヘバ5ヨリ始メテ後戻リスルニハ5ヨリ1ヲ引キテ4，4ヨリ1ヲ引キテ3，3ヨリ1ヲ引キテ2，2ヨリ1ヲ引キテ1ヲ得

　1ヨリ1ヲ引キテ0ヲ得

　0ヨリ1ヲ引キテ如何ナル数ヲ得ルカト問フニ数トイフ辞ノ従来ノ意味ニ於イテハ斯クノ如キ数ガアルコトナシ，然レドモ此事ハ毫モ数トイフ辞ノ意味ヲ推シ拡メ0ヨリ1引キタルモノヲ一ッノ新ラシキ数ト看做スコトヲ妨ゲズ

　0ヨリ1ヲ引キテ得ベキ新タナル数ヲ表ハスノニ　－1ヲ以テシ之ヲ「マイナス」一或ハ負ノート呼ブ，即
　　　　0－1＝－1
　茲ニ特ニ注意スベキハ左辺ニ於テ0ヨリ1ヲ引クベキヲ示ス符号－ハ演算ノ符号ニシテ右辺ニ於テ1ノ前ニアル符号－ハ此1ノ尋常ノ1ト異ナル性質ヲ表ハス符号ナルコトナリ

　0ヨリ2ヲ引キテ－2ヲ得，又2ヲ引クハ結局リ1ヲ二度引クニ同ジキガ故ニ0ヨリ1ヲ引キテ－1ヲ得更ニ－1ヨリ1ヲ引キテモ－2ヲ得

　－2ヨリ1ヲ引キテ－3，－3ヨリ1ヲ引キテ－4，次第ニ斯クノ如クシテ1ダケ宛小ナル数ヲ得，乃推シ拡メラレタル意味ノ於ケル数ヲ順ニ

131

並ベタルモノハ

　　　……－6，－5，－4，－3，－2，－1，0，1，2，3，
　　　4，5，6，……

ナリ

　上ノ如クニシテ，数トイフ辞ノ意味ヲ推シ拡ムルト同時ニ引キ算ニ於テ被減数ハ減数ヨリ大ナラザルベカラズトイフ制限ハ全ク消滅スルモノトス，例トヘバ5ヨリ8ヲ引カンニ8ヲ引クハ1ヲ8度ビ引クニ同ジ即上ノ表ニ於テ5ヨリ始メテ右ヨリ左ヘ5単位ダケ後戻リシテ0ニ達シ更ニ0ヲ越ヘテ3単位ダケ逆行シテ－3ニ達ス

即　　　5－8＝－3

或ハ　　5－8＝5－（5＋3）＝5－5－3＝0－3＝－3　（pp.82-83）

その後，負数，正数，性質の符号，正号，負号，絶対値等の説明の後，次のように記述している。

52. 応用上ニ於ケル解釈

　金五千円ヲ所持セル人金貮千円ノ損失ヲ被レリトスルトキハ此人ノ財産ハ所持金5000円ヨリ損失金2000円ヲ引キテ得ベキ金3000円ナリ，一般ニ金a円ヲ所持セル人金b円ノ損失ヲ被レリトスルトキハ此人ノ財産ハ（a－b）円ナリ

　次ニ金参千円ヲ所持セル人金四千円ノ損失ヲ被レリトスルトキハ，此人ノ財産ハ幾何ナリヤト問フニ，前ト同ジ計算法ニヨルトキハ

3000－4000＝－1000　ナルガ故ニ，此人ノ財産ハ－1000円ナリ，之ヲ実際ノ事実ニ照ラスニ，此場合ニ於テ，損失高ハ所持金ヨリ大ニシテ損失金四千円ノ内金参千円ダケハ所持金ヲ以テ償ヒ得ルモ跡ニ損失金壹千円ダケハ負債トシテ存在スルモノナリ，サレバ，－1000円ノ財産トハ1000円ノ負債ノコトナリト解釈スベキモノトス

　注意　世ノ中ノ実際ニ於テハ壹千円ノ負債トイフベキヲ，「マイナス」壹千円ノ財産トイフガ如キコトナシ，此レハ唯負数ノ効用ヲ完カラシメンガ為メニ便宜代数学中ニ於イテノミ含ム言ヒ方ナルコトヲ忘ルベカラ

132

第 5 章　文化的価値からみた中等教育を中心とする数学教育内容の批判的考察

ズ，元来吾人ガ負数ナルモノヲ代数学中ニ入レタルハ引キ算ニ於ケル制限ヲ撤回センガ為メナリ，サレバ負数ヲ実際問題ニ応用スル前ニ既ニ負数アリ，乃負数ハ主ニシテ実際問題応用上ニ於ケル負数ノ解釈ノ如キハ抑モ亦従ナリ，初学者ハ能ク注意シテ此区別ヲ混同セザル様ニスベシ，従来解釈ヲ前キニシ負数ヲ後ニシ，上ノ如キ解釈ニヨリテ負数ヲ説明セントシタルガ如キハ，事ノ本末ヲ弁ゼズ物ノ主従ヲ誤レルモノナリ，徒ラニ簡易即諒ヲ貴ブノ極却ツテ初学者ヲシテ動モスレバ負数ヲ誤解セシムルニ至ル其原因ハ実ニ焉ニ在リテ存ス深ク注意スベキナリ
53．資産負債，収入支出，損得，或ル時期ノ前後，身体，定点ヨリ反対ノ方向ニ測リタル距離ノ如ク事物ガ反対ノ有様デ成リ立ツコトヲ得ル場合ニハ負数ヲ応用スルコトヲ得

　　事物ノ何タルニ拘ハラズ＋aハ其事物a単位ダケヲ表ハシ－aハソレト反対ノ事物a単位ダケヲ表ハス
　例(1)　資産ヲ考フルトキニハ＋1000円ハ千円ノ資産ヲ意味シ－1000円ハ千円ノ負債ヲ意味ス
　例(2)　負債ヲ考フルトキニハ＋100円ハ百円ノ負債ヲ表ハシ－100円ハ百円ノ資産ヲ表ハス
　例(3)　或ル年ヨリ後ノ年数ヲ表ハスニ正数ヲ以テスルトキハ負数ハ其年ヨリ前ノ年数ヲ表ハス　　（pp.86-88）

　藤澤は，彼の算術教科書に貫いた「数え主義」を土台として，自然数から負数へと数の意味を拡張していることがわかる。その拡張の後，現実場面における新しい数「負数」の解釈をしているのである。
　次に，「分数」への数の意味の拡張に関係する箇所を引用する。

　　分数
　66．減数ハ被減数ヨリ大ナルベカラズトイウ制限ハ負数ノ入来ニヨリテ全ク消滅セリ，唯残ルハ，割リ算ニ於テ被除数ハ必ズ除数ノ倍数ニシテ割リ算ハ割リ切レル場合ニ限ルトイフ制限ナリ，此制限ハ初学者ノ既ニ算術ニ於テ知レルガ如ク数トイフ辞ノ意味ヲ推シ拡メ分数ナルモノヲ数ノ中ニ入ルルコトニヨリテ撤去スルコトヲ得ベシ

133

ａガｂノ倍数ナルト否トニ拘ハラズ $\frac{a}{b}$ ヲ以テａヲｂデ割リタル商ヲ表ハス．若シａガｂデ割リ切ルレバ $\frac{a}{b}$ ハ或ル整数ニ等シ，ａガｂデ割リ切レザル場合ニハ $\frac{a}{b}$ ハ其儘**分数**ト称スル新タナル数ヲ表ハス，之ヲ**ｂ分ノａ**ト呼ブ而シテｂ分ノａナルモノハｂ倍シテａニナル数ナリト解釈スベキモノトス．乃一般ニ

$$\frac{a}{b} \times b = a$$

　　爰ニｂハａヨリモ或ハ大或ハ小或ハａニ等シキコトヲ得但ａガｂニ等シキトキハ $\frac{a}{b}$ ハ勿論１ニ等シ

　　分数 $\frac{a}{b}$ ニ於テｂヲ其**分母**，ａヲ其**分子**ト称ス

67．吾人ハ分数ハ整数ト全ク同ジ様ニシテ取扱フベシト規約ス，而シテ初学者ガ既ニ算術ニ於テ学ビタル分数計算ノ意義及法則ハ総テ前節ノ公式ト此規約トヨリ出ヅルモノナリ．乃第二編（第32節ヨリ第39節ニ至ル）ニ於テ，ａハｂデ割リ切レ，ｃモｄデ割リ切レ，従ツテ $\frac{a}{b}$ ト $\frac{c}{d}$ トハ各整数ヲ表ハスモノトシテ証明セル総テノ公式ハ $\frac{a}{b}$ ト $\frac{c}{d}$ トガ分数ヲ表ハス場合ニモ其儘當テ嵌マル，唯之ヲ法則ニ直スニハ除数ノ代リニ分母，被除数ノ代ハリニ分子ナル辞ヲ用ヰルコトヲ要ス

68．多クノ数ノ和ヲ或ル数デ割リタルモノハ和ノ各項ヲ此数デ割リタルモノノ和ニ等シ（第37節参照），今ｂヲ以テ或ル数ヲ表ハシ和ニ於ケル各項ヲ１トシ，項ノ数ａアリトスルトキハ

$$\frac{a}{b} = \frac{1}{b} \times a$$

故ニ分数 $\frac{a}{b}$ ハ又１ヲｂデ割リタルモノノａ倍ナリト解釈スルコトヲ得ベシ

　　上ノ公式ニ於テ被除数ト乗数トヲ交換スルトキハ

$$a \times \frac{1}{b} = \frac{a}{b}$$

故ニ $\frac{1}{b}$ ヲ以テ掛クルトハｂヲ以テ割ルコトナリト解釈スベシ

　　$b \times \frac{1}{b} = 1$，ｃヲ掛クレバ $b \times \frac{1}{b} \times c = c$，因数ノ順序ヲ変フレバ，

$$c \times b \times \frac{1}{b} = c, \quad \frac{1}{b} デ割レバ$$

$$\frac{c}{\frac{1}{b}} = c \times b$$

故ニ $\frac{1}{b}$ ヲ以テ割ルトハ b ヲ以テ掛クルコトナリト解釈スベシ

$\frac{a}{b} \times b = a$, c ヲ掛クレバ, $\frac{a}{b} \times b \times c = a \times c$, 因数ノ順序ヲ変フレバ $c \times \frac{a}{b} \times b = c \times a$, b デ割レバ

$$c \times \frac{a}{b} = \frac{c \times a}{b}$$

故ニ $\frac{a}{b}$ ヲ掛クルトハ a ヲ掛ケテ b デ割ルコトナリト解釈スベシ，同様ニ $\frac{a}{b}$ ヲ以テ割ルトハ a デ割リテ b デ掛ケルコトナリト解釈スベシ

注意　数ト言ヘバ，正ノ整数ニ限レル時ニ於テ掛クルトイヘバ増大，割ルトイヘバ減少ノ意ヲ含ミタレド，恰モ負数ノ入来ニヨリテ加減ハ増減ノ意味ヲ含マザルコトトナレルガ如ク，分数ヲ入ルルト同時ニ乗除ハ増減ノ意ヲ含マザルコトトナレリ

注意　凡テ整数ノ場合ニ於テ証明スルコトヲ得ル定理ハ第67節ノ結果トシテ分数ノ場合ニ於テモ真ナリ，乃特ニ分数ノ場合ニ就キ之ヲ証明スルノ必要アルコトナシ，一例ヲ挙ゲンニ $\frac{a}{b} \times \frac{c}{d} = \frac{ac}{bd}$, $\frac{c}{d} \times \frac{a}{b} = \frac{ca}{db}$, 而シテ $\frac{ac}{bd} = \frac{ca}{db}$ ナルガ故ニ $\frac{a}{b} \times \frac{c}{d} = \frac{c}{d} \times \frac{a}{b}$, 即被乗数乗数ヲ交換スルモ積ノ値ノ変ハラザルコトハ分数ノ場合ニ於テモ真ナリ，但コレハ証明ニアラズ，唯第67節ノ結果トシテ必ズ斯クアルベキコトヲ験シ得タルニ過ギズ

69. 恰モ 0 ヨリ 2 ヲ引キテ -2 ヲ得ルガ如ク，0 ヨリ $\frac{2}{3}$ ヲ引キテ $-\frac{2}{3}$ ヲ得, 一般ニ 0 ヨリ $\frac{a}{b}$ ヲ引キテ負ノ分数 $-\frac{a}{b}$ ヲ得

算術ニ於テ数トイフハ整数分数ノ意ナリ，一層悉シクイヘバ正ノ整数正ノ分数ノ意ナリ，然ルニ代数学ニ於テ計算上ノ制限ヲ撤回スル毎ニ数トイフ辞ノ意味ハ次第ニ推シ拡マリ，最早此所ニ至リテハ数トイヘバ，正ノ整数分数負ノ整数分数ヲ意味スルコトトナレリ

或ル時ハ算術上ノ数ト区別スルガ為メニ正数負数ヲ総称シテ代数的ノ

数ト称スルコトアリ
70. 此レマデハ文字ハ整数ヲ表ハスモノトセリ，サレバ分数ヲ表ハスニハ或ル文字ヲ他ノ文字デ割リタル形例ヘバ $\frac{a}{b}$ ヲ以テセリ，然レドモ既ニ分数ハ整数ト全ク同ジ様ニシテ計算スルコトヲ得ルモノトセルカラニハ必ズシモ斯クノ如キ書キ方ヲ用キルヲ要セズ，唯一ッノ文字ヲ以テ分数ヲ代表セシムルモ可ナリ，又文字ハ負ノ分数ヲモ代表スルコトヲ得
（pp.113-116）

　藤澤は，分数の導入においても，算術教科書を貫いた「数え主義」を土台とした割り算，すなわち被除数が除数の倍数である場合の割り算から出発して，「b分のa」を「b倍してaになる数」とすることにより，被除数が除数の倍数でない場合にも適用できるように数の意味を拡張している。
　さらに，分数は整数と全く同じように取り扱うことができるとする規約，すなわち「形式不易の原則」に従うと，算術において学んだ分数計算の意義や法則は全て導出されるというのである。
　そして，それまで文字は整数だけを表すものとしていたのを，文字は分数も負の整数や負の分数をも（有理数全てを）代表するものとした。藤澤は，「数え主義」を土台とする「算術上の数」から，「形式不易の原則」により「代数的な数」へと拡張し，後の代数学を展開していったということができる。ここで注意しておかなければならないことは，藤澤はこのような拡張の後には，「応用上に於ける解釈」を行っている点である。

3-2．小数と分数

　片野善一郎（1986）によると，明治時代に流行した藤澤利喜太郎と寺尾寿の算術教科書では，前者が整数のあとすぐ小数を導入し，そのあと分数になるのに対し，後者では整数，分数，小数の順に教えられている。この指導順序の違いは数学の歴史による。ヨーロッパで現在の小数が出現するのは，オランダのS．ステビンの『小数論』（1585）が最初であるが，ここでは小数は分母が10の累乗である特別な分数として定義されている。アメリカの数学史家D．E．スミスは分数には，天文学上の分数，測量上の分数，普通分数，10進分数の4種類があると述べているが，西洋の小数は10進分数 decimal fractionであって，分数の特別なものにすぎない。したがって，この考えによれば一般の分数を教えたあと小数を教えることになる。ところが，中国や日本では小数は整数の拡張として導入された。数組織が10進法であったので，ごく自然に発明されたようである。寺尾寿の算術は理論流儀の代表で，したがって西欧式の分数の特別の形として小数を扱っているのに対し，藤澤利喜太郎は中国方式を採用したのである。

ここで，整数，分数，小数にかかわる「数」の概念とその扱いを，藤澤利喜太郎と寺尾寿の算術教科書を比較することにより，後の中等教育への流れとなった藤澤の算術とその中にある思想「数え主義」の内実を捉えていきたい。まず，寺尾寿の算術教科書からみていくことにする。

3-3．寺尾の算術教科書

寺尾寿『中等教育算術教科書　上巻・下巻』（1888a・1888b）の目次は，次のようになっている。

中等教育算術教科書上巻

　目　　次

緒言

序論

第一編　　完全数ノ組立及ビ計算

　第一章　　命数法
　第二章　　寄セ算或ハ加法
　第三章　　引キ算或ハ減法
　第四章　　寄セ算及ビ引キ算ノ餘論
　第五章　　掛ケ算或ハ乗法
　第六章　　掛ケ算ノ餘論

第七章　　割リ算或ハ除法
　　第八章　　割リ算ノ餘論
　　第九章　　完全数ノ計算ノ応用
第一編ノ演習問題

第二編　　完全数ノ諸性質

　　第一章　　倍数及ビ約数ノ総論
　　第二章　　剰余ノ理論
　　第三章　　九或ハ十一ニテ掛ケ算及ビ割リ算ノ験シヲ行フ法
　　第四章　　最大公約数ノ理論
　　第五章　　単数及ビ互イニ単純ナル数ノ理論
　　第六章　　最小公倍数ノ理論
　　第七章　　単数ノ餘論
　　第八章　　数ノ分析及ビ其応用
第二編ノ演習問題

第三編　　分数

　　第一章　　分数ノ総論
　　第二章　　分数ト完全数トノ変換
　　第三章　　約分
　　第四章　　通分
　　第五章　　分数ノ寄セ算
　　第六章　　分数ノ引キ算
　　第七章　　分数ノ掛ケ算
　　第八章　　分数ノ割リ算
　　第九章　　余数及ビ逆数
　　第十章　　分数ノ餘論
第三編ノ演習問題

第四編　　小数及ビ帯小数

　　第一章　　小数及ビ帯小数ノ総論

138

第5章　文化的価値からみた中等教育を中心とする数学教育内容の批判的考察

　　第二章　　小数及ビ帯小数ノ計算
　　第三章　　割リ算ノ結果ノ近似数
　　第四章　　循環小数ノ起源
　　第五章　　循環小数ノ極限
　第四編ノ演習問題

中等教育算術教科書下巻

　　目　　次

緒言

第五編　　不盡数・冪根

　　第一章　　不盡数ノ論
　　第二章　　冪根ノ総論
　　第三章　　開平方
　　第四章　　開立方
第五編ノ演習問題

第六編　　省略計算

　　序論
　　第一章　　省略寄セ算及ビ省略引キ算
　　第二章　　省略掛ケ算
　　第三章　　省略割リ算
　　第四章　　省略開平方及ビ省略開立方
第六編ノ演習問題

第七編　　比及ビ比例

　　第一章　　比ノ論

139

第二章　　比例式ノ論
　　第三章　　互ニ比例ヲ成ス量及ビ互ニ逆比例ヲ成ス量ノ論
　　第四章　　比例ニ関スル問題
第七編ノ演習問題

第八編　　諸種ノ量ノ単位

　　第一章　　「メトリック」法
　　第二章　　日本現行ノ度量衡
　　第三章　　英米二国現行ノ度量衡
　　第四章　　金高ノ単位
　　第五章　　角及ビ時間ノ単位
　　第六章　　単位ノ変更
　　第七章　　種々ノ単位デ計リタル量ノ計算
第八編ノ演習問題

第九編　　算術ノ応用

　　第一章　　割合
　　第二章　　利息
　　第三章　　割引
　　第四章　　交際証書
　　第五章　　比例配分
　　第六章　　混合
第九編ノ演習問題

次に，寺尾は「数」をどのように捉えていたかをみていく。
まず，寺尾『中等教育算術教科書上巻』序論の冒頭部分を引用する。

　　中等教育算術教科書上巻
　　序論
　　数　数トイフ思想ハ同シ種類ノモノノ聚レルコトヨリ起ルモノナリ
　　　例トヘバ或ル隊ノ中ニ兵卒五人アリ，或ル村ノ中ニ人家十二軒アリト

140

第 5 章　文化的価値からみた中等教育を中心とする数学教育内容の批判的考察

イフトキ，五トイヒ十二トイフモノ即チ数ナリ．

量　凡テ或ハ増シ減ルコトノ出来ルモノヲ量ト名ヅク

或ル隊ノ中ノ兵卒ノ多サ，或ル村ノ中ノ人家ノ多サナドハ皆量ナリ，倚或ル隊ノ中ニ兵卒ノ五人アリ，或ル村ノ中ニ人家十二軒アルトキハ，五トイヒ十二トイフ数ヲ以テ，此隊ノ中ノ兵卒ノ多サトイヒ此村ノ中ノ人家ノ多サトイフ量ノ価格ヲ言ヒ著ハスコトノヲ得ベシ，此ノ如ク或ル数ヲ以テ或ル量ノ価格ヲ言ヒ著ハスコトヲ名ケテ，此量ヲ計ルトイフ倚，此量ヲ計ル手数ヲ分析シテ見ルニ，或ハ兵卒一人ヲ目當トシテ之ニ隊ノ中ノ兵卒ノ多サヲ比較シ，或ハ人家一軒ヲ目當トシテ之ニ村ノ中ノ人家ノ多サヲ比較シ，ツマリ計ラント欲スル量ト同シ種類ノ量ヲ取テ，之ニ今計ラントスル量ヲ比較スルナリ，箇様ニ或ル種類ノ量ヲ計ル為ニ目當トシテ用ル所ノモノヲ此種類ノ量ノ単位ト名ヅク，故ニ或ル種類ノ量ノ単位トハ此種類ニ属スル或ル一定ノ量ニシテ之ニ此種類ノ他ノ量ヲ比較スルモノナリ

連続スル量　（略）

分数及ビ不尽数　或ル量ヲ計ラントスルトキニ，此量ガ丁度単位ノ幾倍カニハ等シカラザルコトアリ，例トヘバ，物差シヲ以テ糸ノ長サヲ計ルニ，五寸ヨリハ長ク六寸ヨリハ短キコトアリ，或ハ糸ノ長サ一寸ヨリ短キコトアリ，箇様ノ場合ニテハ，此糸ノ長サハ幾寸ナリトイフコトヲ得ズ，即チ前ニ言エル手数ニテ此長サヲ計ルコトヲ得ズ，此時ハ単位ヲ幾個カノ相等シキ部分ニ分チ，此ノ一部分ヲ以テ今計ラントスル量ニ比較スレバ，猶此量ノ価格ヲ知ルコトヲ得ベシ，例トヘバ一寸ノ長サヲ五ツノ相等シキ部分ニ分チテ，之ニ糸ノ長サヲ比較センニ，若シ糸ノ長サガ此一部分ノ三倍ナルトキハ，此糸ハ一寸ノ五分ノ三トイフ長サヲ有テリトイヘバ，分明ニ如何程ノ長サノ糸ナリトイフコト知ルルナリ

箇様ニ丁度単位ノ幾倍ニカ等シカラザル量ヲ計ルトキニ用ルモノ，（例トヘバ五分ノ三）ヲ分数ト名ヅク，分数ト区別スル為ニ唯五トカ六トカイフ数ノコトヲ完全数或ハ整数ト名ヅク

又計ラントスル所ノ量ガ丁度単位ノ幾倍カニ等シカラザルノミナラズ，単位ヲ如何程小サキ部分ニ分チテモ，今計ラントスル所ノ量ノ丁度此ノ単位ノ一部分ノ幾倍カニハ等シカラザルコトアリ，箇様ノ場合ニ於テ

141

ハ，此量ヲ完全数或ハ分数ニテ言ヒ著ハスコトヲ得ズ，此時ハ，後デ説キ明カスベキ如ク，不盡数トイフモノヲ用ウ
完全数，分数，不盡数ヲ総テ称シテ数トイフ
箇様ニ数トイフ辞ノ意味ヲ拡メタル上ハ，数トハ彼ノ同シ種類ノモノノ聚レルヨリ起リタル簡単ナル思想ノ名ナルノミニハアラデ，広ク一般ニ量ノ価格ヲ表ハスモノト心得ベシ

計リ得ベキ量及計リ得ベカラザル量　　（略）

注意　（略）

数学　数学トハ計リ得ベキ量ノ学問ノ総称ナリ，
凡テ計リ得ベキ量ヲ名ヅケテ数学上ノ量トイフ，
例トヘバ糸ノ長サ，地面ノ広サナドハ数学上ノ量ニシテ，物ノ美サ人ノ知恵ナドハ数学上ノ量ニアラズ

算術　算術トハ数学ノ一部分ニシテ数ノ学問ナリ
数ハモト量ヲ計ル為ノモノナレドモ，スベテノ数ハ其表ハス所ノ量ノ如何ニ拘ハラザル普通ノ性質ヲ有テルモノナリ，例トヘバ兵卒五人ト兵卒二人トヲ加ヘ合ハスレバ，兵卒七人トナリ，人家五軒ト人家二軒トヲ加ヘ合ハセレバ，人家七軒トナル，箇様ノ事実ヲ一般ニ言ヒ著ハシテ「五トイフ数ト二トイフ数トヲ加ヘ合ハスレバ，七トイフ数ニナル」，トイフコトヲ得ベシ，如何トナレバ，是ハ五トイヒ二トイフ数ヲ以テ計ル所ノ量ガ兵卒トカ人家トカナルユヘ此ノ如クナルニハアラデ，五トイヒ二トイフ数ノ普通ノ性質ナレバナリ，算術ハ即チ此等ノ性質ヲ研究シ，且ツ此等ノ性質ニヨリテ数ヲ取リ扱ウノ方法ヲ研究スル所ノ学問ナリ
　　（pp.1-11）

　ここでは，計ることができるものが「量」であり，その量を計るためのものが「数」であるという，寺尾の「数」の捉え方が明確に現れている。
　次に，第一編「完全数の組立及び計算」の冒頭部分を引用する。

　　第一編　完全数ノ組立及計算
　　第一章　命数法
　　　　　　　（略）

第5章　文化的価値からみた中等教育を中心とする数学教育内容の批判的考察

数ノ呼ビ方　先ヅ始ノ最モ小サキ完全数ハ，各国ノ語ニテ，ソレゾレニ特別ノ名ヲモテリ，即チ我ガ日本語ニテハ

　一（イチ）　二（ニ）　三（サン）　四（シ）　五（ゴ）　六（ロク）　七（シチ）　八（ハチ）　九（ク）　十（ジフ）
トイヒ
　ヒトツ　フタツ　ミツ　ヨツ　イツツ　ムツ　ナナツ　ヤツ　ココノツ　トヲ
トモイフ

一トハ最モ小サイ完全数ノ名ニシテ，即チ各種ノ量ヲ計ルトキ，其単位ニ等シキ所ノ量ヲ言ヒ著ハス為ノモノナリ，此数ヲ名ツケテ第一ノ原位トモ或ハ唯原位トモイフ

偖コノ一ニ一ヲ加ヘタルモノヲ，二ト名ツケ，二ニ一ヲ加ヘタモノヲ三ト名ツケ，次第ニカクノ如ク，九ニ一ヲ加ヘタルモノヲ十ト名ツクルナリ

十ヨリ大ナル数ノ名ヲ作ルニハ，先ヅ十ヲ十合ハセタルモノニ等シキ数ヲ百ト名ツケ，百ヲ十合ハセタルモノヲ千ト名ツケ，千ヲ十合セタルモノヲ万ト名ツク

万ヲ十合ハセタルモノヲ呼ブニハ，別ニ辞ヲ作ラズシテ，十トイフ辞ト万トイフ辞トヲ組ミ立テテ，十万ト呼ブ，之ト同シク，十万ヲ十合ハセタルモノ，即チ万ヲ百合ハセタルモノヲ百万ト名ヅケ，百万ヲ十合ハセタルモノ，即チ万ヲ千合ハセタルモノ，ヲ千万ト名ツク，千万ヲ十合ハセタルモノ，即チ万ヲ万合ハセタルモノヲバ，別ニ辞ヲ設ケテ億ト名ツク　　（後略）（pp.13-15）

　ここには,「数える」という語は全く見られない。「一」は，ある量の単位に等しい所の量を言い表すためのものとして述べられている。
　次に，寺尾の算術教科書において，分数と小数がどのように扱われていたのかをみていきたい。第三編「分数」，第四編「小数及び帯小数」の順に展開されている。関係部分を引用する。

　　第三編　分数

143

第一章　分数ノ総論

|分数ノ起源|　（略）

|定義|　前ニイヘルコトニヨリテ，分数トハ或ル量ガ単位ヲ幾個ニ等分シテ得ル所ノ部分ノ幾倍ニ等シキカヲ示ス所ノ数ナリ

或ル量ヲ計リテ得タル所ノ分数ノ中ニ於テ，此量ヲ計ル為ニ単位ヲ幾個ニ等分セシカヲ示ス数ヲ此分数ノ分母ト名ツケ，単位ヲ等分シテ得タル所ノ部分ガ幾個此量ノ中ニアルカヲ示ス所ノ数ヲ此分数ノ分子ト名ツク

例トヘバ前ノ例ニイエル或ル長サヲ表ハス所ノ七分ノ五トイフ分数ノ中ニ於テ，七トイフ数ハ即チ此長サヲ計ル為ニ単位ヲ七ツノ相等シキ部分ニ分析シタルコトヲ示ス所ノ数ニシテ，此分数ノ分母ナリ，五トイフ数ハ此長サガ今イヘル部分ノ五倍ニ等シキコトヲ示ス所ノ数ニシテ，此分数ノ分子ト名ナリ

分母ト分子ヲ通称シテ分子ノ項トイフ

|分数ノ書キ方|　（略）

|書キタル分数ヲ読ム法|　（後略）（pp.236-239）

第四編　小数及ビ帯小数

第一章　小数及ビ帯小数ノ総論

|定義|　十ノ或ル階級ノ冪ヲ分母トシタル分数ニシテ一ヨリ小サキモノヲ小数ト名ツケ，一ヨリ大ナルモノヲ帯小数ト名ヅク

例トヘバ，$\frac{3}{10}$，$\frac{56}{100}$，$\frac{152}{1000}$ ナドハ小数ニシテ，$\frac{23}{10}$，$\frac{13619}{1000}$ 即チ $2+\frac{3}{10}$，$13+\frac{619}{1000}$ ナドハ帯小数ナリ，

　此定義ニヨリテ，帯小数トハ或ル完全数ト或ル小数トノ和ニ等シキ数ノコトナリ

|小数ノ分析|　スベテ小数ハ，十ヨリ小サキ数ヲ分子トシ十ノ或ル階級ノ冪ヲ分母トシタル若干ノ分数ノ和ニ等シ

例トヘバ $\frac{35761}{100000}$ トイフ小数アランニ，分数ノ寄セ算ノ法則ニヨリテ

$$\frac{35761}{100000}=\frac{30000}{100000}+\frac{5000}{100000}+\frac{700}{100000}+\frac{60}{100000}+\frac{1}{100000}$$

第5章　文化的価値からみた中等教育を中心とする数学教育内容の批判的考察

ナリ，或ハ右辺ノ諸ノ分数ヲ約スレバ

$$\frac{35761}{100000} = \frac{3}{10} + \frac{5}{100} + \frac{7}{1000} + \frac{6}{10000} + \frac{1}{100000}$$

ナリ，即チ此小数ハ十ヨリ小サキ数3，5，7，6，1ヲ分子トシ，十ノ第一，第二，第三，第四，第五冪ヲ分母トシタル五ツノ分数ノ和ニ等シ

十分ノ一，百分ノ一，千分ノ一等ノ小数ヲ名ケテ第一ノ小数原位，第二ノ小数原位，第三ノ小数原位……トイフ

此ノ定義ニヨリテ，或ル階級ノ小数原位ノ十分ノ一ガ其次ノ階級ノ小数原位ニ等シ

　上ニイヘルコトニヨリテ，スベテノ小数ハ，種々ノ階級ノ小数原位ノ十倍ニ充タザルモノヲ寄セ集メタルモノニ等シ

　マタ，スベテノ帯小数ハ，種々ノ階級ノ通常ノ原位及ビ小数原位ノ十倍ニ満タナイモノヲ寄セ聚メタルモノニ等シ

例トヘバ，$32 + \frac{56}{100}$ ハ $30 + 2 + \frac{5}{10} + \frac{6}{100}$ ニ等シク，即チ通常ノ第二原位ノ三倍ト第一原位ノ二倍ト，第一小数原位ノ五倍ト，第二小数原位ノ六倍トヲ寄セ聚メタルモノニ等シ

　小数及ビ帯小数ノ書キ方　完全数ノ命数法ニ立チ還リテ見レバ，我々ノ完全数ノ書キ方ノ法則ハ，全クタダ次ノ規約ヲ原則トシテ立テタルモノナルコト明白ナリ，即チ

或ル数字ガ表ハス所ノ原位ハ，其右ニアル数字ガ表ハス所ノ原位ノ十倍ニ等シ，即チスベテ或ル数字ノ右ニアル数字ハ，前ノ数字ガ表ハス所ノ原位ノ十分ノ一ニ等シキ原位ヲ表ハス

コレト同一ノ原則ヲ小数及ビ帯小数ノ書キ方ニモ適用スルコトトスレバ，此等ノ種類ノ分数ヲ書キ著ハスニハ，完全数ヲ書キ著ハストキト同シ様ナル法則ニヨルコトヲ得ベシ

先ヅ例トヘバ $32 + \frac{56}{100}$ トイフ帯小数ヲ書キ著ハスノニ，之ヲ通常ノ帯分数ノ形ニ書ク代リニ，32ト56トヲ横ニ列子，其間ニ区別ノ印トシテ例トヘバ「コンマ」(,) ヲ置キ，32,56ト書クコトヲ得ベシ，如何トナレバ前ニ挙ゲタル規約ヲ守ルコトトシ，且ツ「コンマ」ノ在ル所ガ完全ナル部分ト小数ノ部分トノ界ナリトイフコトヲ心得サヘスレバ，32,56ト書

145

キタル数ハ三十二ト十分ノ一ノ五倍ト百分ノ一ノ六倍トノ聚リタルモノ，即チ $32 + \dfrac{56}{100}$ トイフ数ナルコト直チニシルルユエナリ

尤モ帯小数ノ中ニモ，完全数ノトキノ如ク，其最モ大ナル原位ト其最モ小サキ原位トノ間ノ或ル原位ガ全クナキコトアリ，此時ハ完全数ノ書キ方ノ例ニ倣ヒ，此原位ノ場所ニ零ヲ書ケバヨシ

例トヘバ $302 + \dfrac{70056}{100000}$ ハ302,70056ト書キ $3 + \dfrac{5}{100}$ ハ3,05ト書クコトヲ得ベシ

偖又小数ハ帯小数ノ特別ノ場合ニシテ，完全ナル原位全クナイモノナリ，故ニ小数ヲ書キ著ハスニハ，完全数ノ第一原位ノ場所ニ零ヲ書キ，「コンマ」ヲウチテ，次ニ小数原位ノ数ヲ書キ列ヌレバヨシ，例トヘバ $\dfrac{56}{100}$ ハ0,56ト書キ，$\dfrac{56}{1000}$ ハ0,056ト書クコトヲ得ベシ（後略）(pp.309-313)

第三編「分数」，第四編「小数及び帯小数」の順に展開され，その扱いは「量」の理論として一貫していることがわかる。

3-4．数と量

　藤澤は，この寺尾の教科書を，わが国初めての理論体系をもった算術書であると評価しながらも，「算術に理論なし」とし，理論流の算術を普通教育から排斥しようとした。算術書では，数の後に量・単位を説くのならともかく，決して量・単位を説いた後に数とは単位の量中に含まれる個数であるなどと説くべきではない，量・単位を用いるよりも「名数」を方便として用いる方がよい，と考えた。名数とは，数をつけてとなえる名称である。

　そう考えた背景には，藤澤の日本算術の構想への和算文化の係わりがある。今日でも吾人たちは「数」と「量」を対照して考える志向が薄いと思えるが，この傾向は日本古来よりみられる。そのため翻訳の時代や東京数学会社訳語会の様子等をみても quantity に「数」以外の訳語を充てるのに大変苦労している。また未知数（unknown quantity）などのように，今も quantity など量を意味する語を数としているものも少なくない。藤澤は，わが国には形成の歴史に明確には意識されなかった「量」に基づいて算術の教科内容を構成することは不適当だと考えた。一方「数」は，和算文化においても明確に

第5章　文化的価値からみた中等教育を中心とする数学教育内容の批判的考察

意識され，現に日本語にあるものであり，「数」は「数」であって「量」の従属物ではない。英語などには可算と非可算，数と量の区別で単位を付ける付けないがはっきりしているのに対し，日本語の場合，そういった区別は無く，数量は「名数」で統制されている。わが国において「数」の観念は，数えるなどの経験から来るものであって，量や単位から出るものではない。そして，「数え主義」こそ日本算術の基盤に据えるに相応しいものと考えたのではないだろうか。ただ，ここでの「数え主義」は，その後の代数への発展をみると，単に「数える」ことによる数概念の形成を行うに留まるものではなく，加減乗除算も「数える」の簡略化の活動と捉えたものであったようである。

3-5．藤澤の算術教科書

次に，藤澤利喜太郎の『算術教科書　上巻・下巻』（1896a・1896b）をみていきたい。上巻・下巻の目次は次のようになっている。

```
算術教科書上巻

　目　　次

第一編　　緒論

　　　　命数法　　記数法，羅馬字記数法　　小数，名数

第二編　　四則

　　　　寄セ算或ハ加法　　引キ算或ハ減法　　掛ケ算或ハ乗法
　　　　割リ算或ハ除法　　四則餘論，四則雑題

第三編　　諸等数

　　　　諸等数緒論　　「メートル」法度量衡　　尺貫法度量衡，求積初歩
```

147

　　　　　貨幣，時間　　諸等通法　　諸等命法　　諸等数ノ寄セ算引キ算
　　　　　諸等数ノ掛ケ算　　　諸等数ノ割リ算　　　噸ノ種類，諸等雑題
　　　　　外国度量衡　　　外国貨幣　　　弧度，角度，温度
　　　　　諸等雑題　　　経度ト時

第四編　　整数ノ性質

　　　　　倍数及約数　　　九ニテ乗除ノ験ヲ行フ法　　　十一ナル約数
　　　　　素数及素因数　　　最大公約数　　　最小公倍数
　　　　　整数ノ性質雑題

第五編　　分数

　　　　　分数ノ緒論　　　約分，通分　　　分数ヲ小数ニ直スコト
　　　　　小数ヲ分数ニ直スコト　　　分数ノ寄セ算及引キ算
　　　　　分数ノ掛ケ算及割リ算　　　複雑ナル形ノ分数
　　　　　循環小数ノ加減乗除　　　分数雑題

　復習用雑題

　問題ノ答

算術教科書下巻

　　目　　次

第六編　　比及比例

　　　　　比　　　比例　　　複比例　　　連鎖法　　　按配比例　　　混合
　　　　　比及比例雑題

第5章　文化的価値からみた中等教育を中心とする数学教育内容の批判的考察

```
第七編　　歩合算及利息算

　　　　歩合算　　　内割，外割　　　租税　　　保険　　　歩合算雑題
　　　　利息算　　　割引　　　為替　　　公債証書及株券
　　　　支払期日ノ平均　　　複利或ハ重利　　　歩合算及利息算雑題

第八編　　開平開立

　　　　開平　　　開立　　　不尽根数

第九編　　省略算

　　　　省略算ノ緒論　　　省略寄セ算及引キ算　　　省略掛ケ算
　　　　省略割リ算　　　省略開平及開立　　　省略算問題

第十編　　級数

　　　　等差級数　　　等比級数　　　年金　　　級数雑題

第十一編　　求積

　　　　平面形　　　立体　　　求積雑題


復習用雑題

問題ノ答
```

　小数は，名数と共に第一編で扱われ，分数はそのずっと後の第五編で取り扱われている。
　まず，藤澤は「数」をどのように捉えていたか，関係部分を引用する。

　算術教科書上巻

149

第一編　緒論

命数法

1．一ニ一足シテ二，二ニ一足シテ三，……トイフヨウニ，次第ニ一足シテイクコトヲ**数**ヘルトイヒ，数ヘテ得タル一，二，三，……ヲ**数**トイフ

2．一ヨリ始メ次第ニ一足シテ得ベキ数ニ一々特別ノ名ヲ付ルコトハ繁雑ニシテ且際限ナキコトナレバ，実際ハ僅ノ言葉ヲ組合セテ諸々ノ数ノ名ヲ作ルモノトス，其方法ヲ**命数法**或ハ**数ノ呼ビ方**又ハ**唱工方**ト称ス

　一　二　三　四　五　六　七　八　九

ヲ**基数**ト名ヅク，其呼ビ声ハ順次　イチ　ニ　サン　シ　ゴ　ロク　シチ　ハチ　ク，或ハ，ひとつ　ふたつ　みつ　よつ　いつつ　むつ　ななつ　やつ　ここのつ　ナリ，又聞キ違ヘラルルヲ避クル為メニ　四ヲ　よん　七ヲ　なな　九ヲ　きう　ト唱フルコトアリ

　九ニ一ヲ足シタルモノヲ**十**トシ之ヲ　じふ　或ハ　とを　ト呼ブ

　十ニ一ヲ足シタモノヲ十一ト呼ビ，十二，十三，……，十九ニ至リ，十九ニ一足シタモノヲ二十ト名ヅケ，二十一，二十二，……，三十，三十一，……，九十九ニ至ル

　九十九ニ一足シタルモノヲ**百**ト名ヅケ，百一，百二，……，百九十九，二百，二百一，……，九百九十九ニ至ル

　上ニ示ス如ク**基数**ト**十**ト**百**トノ名ヲ以テ多クノ数ノ名ヲ作ルコトヲ得タルハ，此レ等ノ数ハ又幾ッカノ百ト幾ッカノ十ト幾ッカノ一ノ集リ例ヘバ三百六十五ハ三ッノ百ト六ッノ十ト五即チ五ッノ一トノ集リトモ考フルコトヲ得ルガ故ナリ，此考ノ下ニ於ケル一，十，百ノ如キモノヲ**数ノ位**ト称ス

　一ヲ十ヲ合セタルモノハ次ノ位十，十ヲ十ヲ合セタルモノハ其次ノ位百ニシテ，其先キモ亦斯クノ如ク

　或ル位ヲ十ヲ合セタルモノヲ其次ノ位，即其レヨリモ一段高キ位トス

　故ニ此命数法ヲ**十進法**ト称ス

　百ノ次ハ**千**，千ノ次ノ位ハ**万**ト名ヅク

　万ハ位ノ名ニシテ数ノ名ニアラズ，一ッノ万ハ必ズ之ヲ一万ト呼ビ決シテタダ万ト唱ヘズ

第5章 文化的価値からみた中等教育を中心とする数学教育内容の批判的考察

　千，百ハ位ノ名ニシテ又数ノ名ナリ，一ッノ千，一ッノ百ハタダ千，百トモ又一千，一百トモ呼ブ

　十，一ハ数ノ名ニシテ又位ノ名ナリ，一ッノ十ハ必ズ之ヲタダ十ト唱ヘ決シテ一十ト呼バズ，位ノ名ノ一ハ決シテ之ヲ呼バズ

　此規約ノ下ニ於テ

　一万未満ノ数ノ呼ビ方ハ或ル位ガ幾ッアルカヲ表ス基数ノ名ノ後ニ其位ノ名ヲ添ヘ大ナル位ノ方ヨリ始メ順次呼ビ続クルモノトス

　　　　　　　（中略）

　一万以上ノ数ノ呼ビ方ハ　一，万，億，兆，……ナル位ガ各々幾ッアルカヲ表ス一万未満ノ数ノ名ノ後ニ其位ノ名ヲ添ヘ大ナル位ノ方ヨリ始メ順次呼ビ続クルモノトス　　（後略）(pp.1-5)

　藤澤は，「数」を数えてできるものとして捉えることから出発し，自然数を構成している。この冒頭部分の記述から，藤澤がその後も，この「数え主義」を根幹に据え，算術を展開していったことが察せられる。

　「小数」はどのように導入しているかを次にみてみよう。

　小数

12.　一ヲ十ヲ合ワセタモノハ十，十ヲ十ヲ合セタルモノハ百，百ヲ十ヲ合セタルモノハ千，千ヲ十ヲ合セタルモノハ万，……トアルハ，数ノ位ヲ

　　　一，十，百，千，万，……

ナル順序ニ考ヘタルモノナリ，今之ヲ逆サマニ

　　　……，万，千，百，十，一

ナル順序ニ考フルトキハ，……，万ヲ十分シタルモノハ千，千ヲ十分シタルモノハ百，百ヲ十分シタルモノハ十，十ヲ十分シタルモノハ一ナリトイフ

　次第ニ十分シテ遂ニ一ニ達スルモ尚ホ止マズ，更ニ一ヲ十分シ，斯クシテ得タルモノヲ又又十分シ，……，箇様ニ十進法ヲ逆サマニ適用シタル結果トシテ出デ来ル一ヨリモ低キ数ノ位ヲ以テ言ヒ表サレタル一ヨリモ小サキ数ヲ**小数**ト名ヅク

　一，二，三，……トイフガ如クニ次第ニ数ヘテ得ベキ数ヲ**整数**ト称ス

151

整数ト小数トヨリ成レル数ヲ**帯小数**トイフ
　　　小数帯小数ヲ総称シテタダ小数トイフコトアリ
13.　一ヲ十分シタルモノヲ**分**，分ヲ十分シタルモノヲ**厘**，厘ヲ十分シタルモノヲ**毛**，毛ヲ十分シタルモノヲ**糸**ト名ヅク．
　　　　　　（中略）
　　分，厘，毛，糸，……ヲソレゾレニ小数第一位，小数第二位，小数第三位，小数第四位，……トイフ
　　小数ノ呼ビ方ハ或ル位ガ幾ツアルカヲ表ス基数ノ名ノ後ニ其位ノ名ヲ添ヘ大ナル位ノ方ヨリ始メ順次呼ビ続クルモノトス
　　　　　　（中略）
　　分，厘，毛，糸，……ヲソレゾレニ，十分ノ一，百分ノ一，千分ノ一，一万分ノ一，……トモ称ス，此ノ場合ニ於ケル
　　小数ノ呼ビ方ハ其中ノ最モ低キ位ノ名ノ終リノ一ダケヲ省キテ呼ビ，直グ其次ニ此位ガ其数ノ中ニ幾ツアルカヲ表ス整数ノ名ヲ唱フルモノトス
　　例ヘバ，三分七厘五毛ヲ千分ノ三百七十五，七分九毛八糸ヲ一万分ノ七千九十八ト呼ブガ如シ
　　　　　　（中略）
14.　小数ノ書キ方ハ特ニ工夫スルニ及バズ，整数ヲ書キ表スニ或ル位ノ十分ノ一ニ當ル位ハ其右隣ノ位ナルコトヲ何処マデモ適用シ，一ノ位ヲ越ヘテ尚ホ右ヘ進メバ可ナリ，唯爰ニ必要ナルハ一ノ位ノ所在ヲ示ス目標ナリ，仍テ一ノ位ノ数字ノ右ノ下ニ点ヲ打ツ，例ヘバ三十七ト四分五厘ヲ37.45ト書クガ如シ．此点ヲ**小数点**ト称ス
　　小数ヲ書クニハ通例小数点ノ左一ノ位ノ所ニ０ヲ書クモノトス，例ヘバ七分五厘ヲ0.75ト書クガ如シ，尤モ０ヲ省略シテ.75ト書キテモヨシ
　　　　（後略）（pp.15-17）

　「小数」は，「数え主義」における十進法を逆さまに適用した結果として得られるものとしている。小数は，既に和算にあったものであり，和算での小数の呼び方との関係から，「小数第一位，小数第二位，……」や「十分の一，百分の一，……」という言い方，そして，小数の書き表し方を説明して

152

第5章　文化的価値からみた中等教育を中心とする数学教育内容の批判的考察

いることがわかる。

では，「分数」はどのように導入しているか。「第二編　四則　割り算或いは除法」の関係箇所を引用する。

　　45.　剰余ノ無キ割リ算ニ於テハ
　　　　　　　　　$\boxed{実} = \boxed{法} \times \boxed{商}$
　　今之ヲ掛ケ算ニ於ケル
　　　　　　　　　$\boxed{積} = \boxed{被乗数} \times \boxed{乗数}$
　　ト対照シテ，実ヲ積，法ヲ被乗数ト看做ストキハ商ハ乗数ニ當ルガ故ニ，**割リ算ハ掛ケ算ノ逆ニシテ，積ト被乗数トヲ知リテ乗数ヲ見出ス為メニ行フ計算ナリ**　トイフコトヲ得ベシ．（後略）（p.70）

その後，「47.　整数の割り算」の最初の方で割り切れる場合の説明（筆算も含む）が述べられ，次のように続けられている。

　　23ヲ7デ割ルトキハ商3剰余2ヲ得ベシ，即割リ切レザル場合ナリ，此場合ニ於テ剰余2ヲ如何ニ処分スベキカ，勿論其儘剰余トシテ存シ置クモヨケレド，尚ホ其外ニ二通リノ処分法アリ
　　結局リ2ヲ7デ割リタルモノハ何ナルカト問フニ，特ニ工夫スルニ及バズ，2ヲ7デ割リタルモノハドコマデモ2ヲ7デ割リタルモノニシテ，之ニ7ヲ掛ケレバ2トナルベキ新シキ数ナリト定メ且之ヲ簡便ニ書キ表スコトヲ工夫スレバ足レリ，仍テ2ノ下ニ横線ヲヒキ其下ニ7ヲ書キ即 $\frac{2}{7}$ ト書キテ「七分ノ二」ト読ム，サレバ七分ノ二ハソレノ七倍ガ二トナル数ナリト解釈スベキモノトス，而シテ23ヲ7デ割リタル商ハ 3ト$\frac{2}{7}$ 即 $3+\frac{2}{7}$ ナリ，但通例ハ加号ヲ略シテ$3\frac{2}{7}$ ト書クモノトス
　　1ヲ2デ割リタルモノヲ $\frac{1}{2}$ ト書キテ「二分ノ一」ト読ム，二倍スレバ一トナル数ニシテ所謂半分ノコトナリ
　　数トイフ辞ノ意味ハ上ノ剰余ノ処分法ノ結果トシテ自ラ推シ拡マリテ $\frac{2}{7}$, $\frac{1}{2}$ ノ如キ新規ノ数ヲモ含ムコトトナレルナリ
　　$\frac{1}{2}$, $\frac{2}{7}$ ノ如キ新規ノ数ヲ**分数**ト称ス
　　分数ノ横線ノ下ニアル数ヲ**分母**，横線ノ上ニアル数ヲ**分子**ト名ヅク

153

割リ算ヲ示スニ除号ノ代リニ分数ノ形ヲ用キルコトアリ，例ヘバ23÷7ト書ク代リニ$\frac{23}{7}$ト書クガ如シ，尚ホ$\frac{23}{7}$ヲ其儘一ツノ分数ト看做スモ差支ナシ，乃$\frac{23}{7}$ヲ商ト看做セバ23ハ実ニシテ7ハ法ナリ，又$\frac{23}{7}$ヲ分数ト看做セバ23ハ分子ニシテ7ハ分母ナリ（pp.79-80）

この後，分数を小数に直す説明（筆算）を続けている。このように，藤澤は，分数の導入においては，「数え主義」を土台とした割り算，すなわち被除数が除数の倍数である場合の割り算から出発し，和算の用語「実」や「法」，「商」などを用いながら展開している。ここでも西洋数学の「量」の扱いではなく，分数をも「数」として扱う姿勢がみられる。

3-6．当小節のまとめ

ここで本節冒頭に触れた問いに戻ろう。形式不易の原則を高調し，負数分数に係わる計算法則をすべて'規約'と見なしたとき，そこには発生的心理的要素が忘れられたと言えるのか。

確かに藤澤は，形式不易の原則を高調し，算術的な数から代数的な数へと拡張する際に計算法則をすべて'規約'と見なしている。しかし，本節で見てきたところによると，それだけで済ましているわけでなく，藤澤の打ち立てようとした初等数学的基盤には発生的心理的要素に関わる周到な配慮がなされているようである。このことは前節で述べた寺尾の理論流儀算術と対比させてみることでもより鮮明になる。

藤澤は，代数的な数への拡張を図る際，「量」ではない算術的な「数」を使って文字の意義用法を理解させた後，形式不易の原則によって代数的な数へと拡張し，さらにその代数的な数を「応用上に於ける解釈」として算術的な数の応用へと還元しているのである。

関連して2つを補足しておこう。

まず藤澤『初等代数学教科書　上巻』（1898a）の緒言から，「形式不易の原則」の働くところは以下の3点に要約できる。
(1) 負数分数についての計算法則は，自然数についての計算法則を保存するようにという要請のもとに決まる。
(2) こう決めて，（拡張した数についても形式は保存され）矛盾が起こらない。

第 5 章　文化的価値からみた中等教育を中心とする数学教育内容の批判的考察

(3) 形式を不変なるように決めよ，という要請にしたがって計算法を決めて矛盾が起こらない，という大原則について生徒には説かない。

そして『初等代数学教科書　上・下巻』(1898a・b) を通してみれば，藤澤のいう「形式不易の原則」は，単なる数の拡張上の指導原理とは違うことがわかる。藤澤は，不尽根（無理数ベキ根）についても一般の無理数にも，原理にしたがって計算の規約を工夫して，いつも良く当てはまり，それは，あたかも物理学において，エネルギー保存の法則が真理であるとするような真理として捉えている。

また，『数学教授法講義筆記』(1900b) の「代数」とその前にある「算術」との関連を述べた，次のような記述がある。

　　此書物ノ冒頭ニ一ニ一足シテ二，二ニ一足シテ三，三ニ一足シテ四，……ト云フ如ク次第ニ一足シテ行クコトヲ数ゾヘルト云ヒ，数ゾヘテ得タル一，二，三，……ヲ数ト云フト箇様ニ書テアリマスガ，此レハ算術ノ発端ヲ何ウスルカト非常ニ苦心シテ最モ深キ意味ノアル且最モ重要ナル数ゾヘ主義ヲ以テ冒頭ニ置イタノデ，徹頭徹尾此書物ヲ一貫シタル精神ハ実ニ此数ゾヘ主義ニアリト云フコトヲ表ハシテアルノデス（p. 131）

この記述からは，藤澤は，負数や方程式を扱う「代数」を，一貫した精神，即ち「算術」の書物から貫かれている「数え主義」に基づいて書いていることがわかる。

上に述べたこと，本稿でみてきたことを併せ考えれば，小倉が忘れられたと危惧した発生的心理的要素は，藤澤の「算術」・「代数学」の系統の中ではしっかりと捉えられている，と言ってよい。換言すると，西洋数学の算術・代数学に関わるものは，和算文化が根差す日本の文化的基盤の中に「受容」された。算術には「数え主義」を，それにつながる代数学には「形式不易の原則」をしっかりと据えることにより，算術・代数学の「受容」は明治30年(1897) 頃に成されたとみなすことができる。

今日の中等教育における代数分野の系統は，量で数の形式を教え，あるいは形式の眼鏡を通して量を教え，負数（量）や数の形式の後で文字式を教え

155

る，というものであるが，この現行の系統こそ，小倉が忘れられたと危惧した発生的心理的要素が十分配慮されたものになっているかが問われなければならない．

4．西洋数学受容による数量概念の変容

　主として第4章第2節での検討によって，藤澤『初等代数学教科書』には文字の意義用法を十分理解させる記述があり，初等代数学は算術と共に和算文化が根差す日本に「受容」されたとみなせた．それ以降の代数学の内容は和算文化には無かったものであり，中等教育に導入された「代数」の「受容」については，初等代数学の文字の意義用法ではない，特に「数の概念」の内容部分に関わる学校数学の基盤検討が必要であると考え，前小節（第5章第2節3．）において検討した．当小節では，初等代数学の「数の概念」の内容部分に深く関わる数量概念に焦点を当て，和算文化で培われた「小数」を基本とする数量概念はどのようなものであったか，数量の捉え方において「分数」を基本とする西洋数学の受容によって日本における数量概念がどのように変容していったのか，を考察し，算術・代数の「受容」の様態をより明らかにしていきたい．

4-1．日本における数量概念の特徴

　数量の捉え方において，西洋では「分数」を，日本では「小数」を基本に据えている．西洋数学の分数は「単位の自然数個の等分分割」という操作によって生まれた考え方であり，西洋数学の小数は10進分数 decimal fraction であって，分数の特別なものにすぎない．これに対し，和算文化に分数は殆ど登場せず，数量の捉え方は，大数，基数，小数によってなされる．和算文化の小数は完全に「10進法」という数学的概念である．分割分数の特別の形である西洋数学の小数と，和算文化の位取りをもった小数とは考え方が違う．西洋では，1より大きい方は「10進法」，1より小さい方は「1の10ベキ分割」である．それに対し，日本では，1より大きいほうに一・十・百・千・万……と「10進数」の位に「位の名称」があり，小さい方にも一・分・厘・毛・糸……と「10進数」の位に「位の名称」がある．『塵劫記』の目次の最初には，「第一　大数の名の事」，「小数の名の事」と掲げられてもい

る。日本においては，1より大きい方にも小さい方にも一貫する完璧な「10進法」である。

　1627年初版で明治初期まで刊行された『塵劫記』には，計算の対象ともなる分数は全く登場していない。計算の対象ともなる分数が初等教育に登場するのは明治になってからであり，外国の算術書が翻訳されるとともに計算の対象ともなる分数が導入されたようである。

　「数」と「量」という見方で，西洋数学と和算文化の傾向を述べると，次のようになる。西洋数学では，「数」は主に可算のもの，「量」は主に非可算のものという意識が強く，「数」には単位を付けず，「量」には単位を付ける。そして，非可算の「量」の大きさを表す「数」として「分数」が基本的に扱われる。西洋数学において「小数」は「分数」の特別な場合である。これに対して，和算文化では，「数」と「量」を対照して考える志向が薄く，数量は「名数」（度量衡）で統制されている。「名数」には，殆ど分数は登場することはなく，除算に由来する「小数」が基本的に取り扱われている。

　以上，日本の数量概念の特徴を概略的に述べてきた。本稿の目的は，和算文化で培われた「小数」を基本とする数量概念はどのようなものであったか，数量の捉え方において「分数」を基本とする西洋数学の受容によって日本における数量概念がどのように変容していったのか，を明らかにすることである。まず，日本における「分数」と「小数」の由来を述べることから始めたい。

4-2．日本における分数と小数の由来

　和算研究家である大矢真一氏の著した『和算以前』（1980）には，日本における分数と小数の由来について，概略，次のように述べられている。

　　現存する中国最古の数学書『九章算術』（1世紀頃）の第一章「方田」には，分数の約分及び加減乗除の問題が，それぞれ数題ずつある。加減は無名数について行っているが，乗除は名数について行っている。加減の際の分数は，抽象的な新しい数であるのに対して，乗除の際の分数は，抽象しきれない，具体的な端数を表わす数の域に留まっている。日本へは奈良時代に，分数がこの書を通して導入されていた。当時，大学

において抽象的な分数を取り扱った算書が学習されていたが，奈良時代以前および奈良時代の記録に表されている分数は，すべて具体的な端数を表すものに限られている。

　中国で出版された数学史の研究書を見ると，小数は暦作成の必要から起こったようである。1日は12時或いは48刻のようになっていて，計算には不便である。そこで1日を100等分或いは一万等分して計算を便利にした。それが小数の始まりであり，その萌芽が見え始めたのは唐の時代である。日本では奈良時代に当り，日常生活上の要求からも小数に類するものが生じていた可能性が考えられている。中国で数学書に小数が現出するのは『算学啓蒙』（朱世傑，1299）からであって，そのときには既に非常に小さい単位まで完備されている。日本の室町時代までには，税帳などの記録に，名数の最小単位より下の端数を表わす小数の単位として「分」がみられ，それ以下の単位はみられない。『算学啓蒙』では，小数の単位が「分」「厘」「毛」「糸」……のように非常に細かく掲げられている。日常生活に必要な端数を表わす「分」という単位は，奈良時代以前に中国から伝わり，それが定着したものと考えられる。（大矢，1980，pp.64-75．の要約）

以上の記述から，江戸時代の和算より以前の日本人の数量概念も「小数」を基本とするものであったことが読み取れる。

4-3．和算文化の時代における数量概念

　この節では，その後の状況を読み取るため，江戸時代初期から中期の状況については毛利重能『割算書』（1622）と吉田光由『塵劫記』（1627）を，江戸時代後期の状況については千葉胤秀『算法新書』（1830）を取り上げる。数多くの書の中からこれらの書を取り上げるに当たっては，その時代の社会に広く教科書的書物として浸透した代表的なものという観点を重視した。細部に亘っての検討が必要であることは否めないが，ここで探ろうとする標記の状況の概略はこれらの書から読み取ることができると考えた。

第 5 章　文化的価値からみた中等教育を中心とする数学教育内容の批判的考察

4-3-1．毛利重能『割算書』

　毛利重能『割算書』(1622) はわが国に現存する最古の数学書である。そろばんによる割算を教えている。次の図16は毛利重能『割算書』の目次である。

　「八算之次第」では割算九九が述べてある。この書の中には四十三割，四十四割の特殊な割算九九も存在することもわかる。九九とそろばんを使った計算の方法から，その計算による度量衡問題の解き方へと進んでいる。

　図16下の図17は，「小一斤之次第」の箇所である。ここでの九九は1，2，3，……を16で割った商を書き並べたものである。$10 \div 16 = 0.625$，$20 \div 16 = 1.25$，$30 \div 16 = 1.875$，……，$90 \div 16 = 5.625$　を意味している。そろばんを操作して十六割を行ったものと思われる。もちろん小数点を示すものはない。

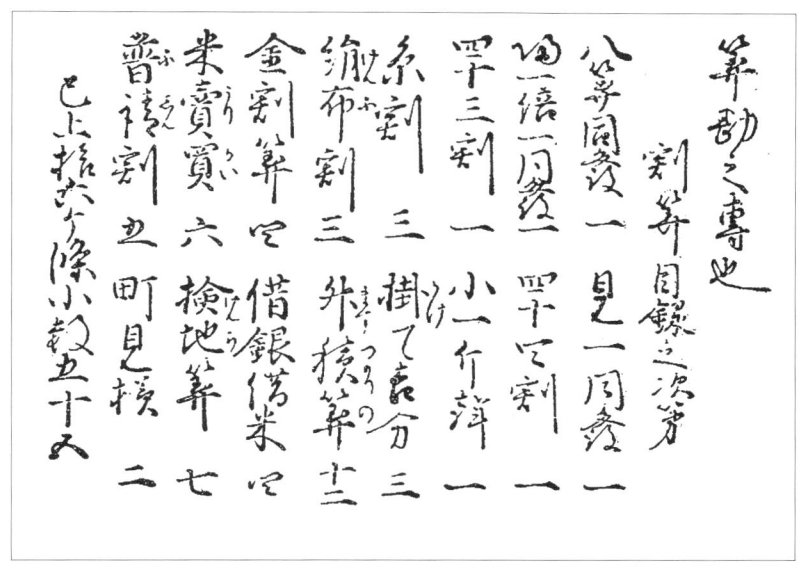

図16：毛利重能『割算書』目次（山田他解説，1956, p.2)

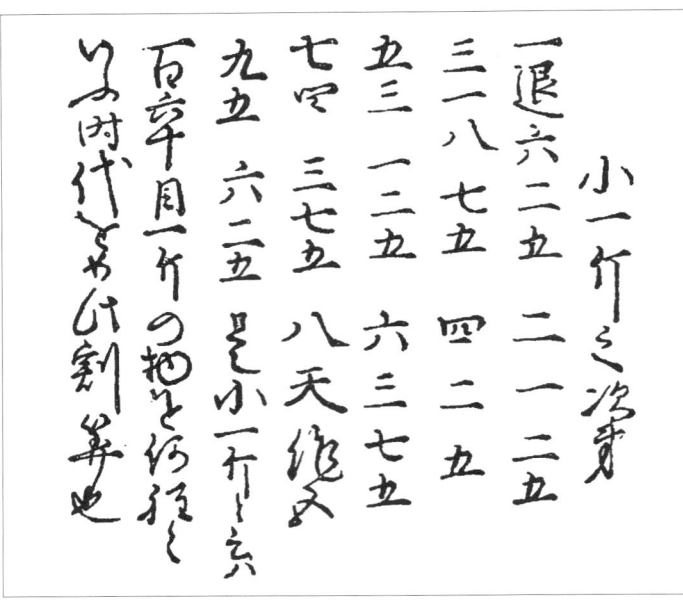

図17：毛利重能『割算書』「小一斤之次第」の箇所
（山田他解説，1956，p.12）

4-3-2．吉田光由『塵劫記』

『塵劫記』は江戸時代初期の数学者吉田光由（1598〜1672）によって書かれたそろばんの書で，寛永4年（1627）に発刊された。光由は中国のそろばん書『算法統宗』（程大位，1592）を手本として，この本を書いたものであるが，そこに扱われている内容は日本の社会に発生する日用諸算である。それが大いに世に受けたため，光由は内容を改めつつ何回も改版した。寛永18年（1641）には新しく書き換えた新版を出している。これに刺激されて，その後そろばんの書物が多数出版されることになった。

次の図18は，「第一条　基数」に続く「第二条　小数」，「第三条　米一石より小さい名数」の箇所である。

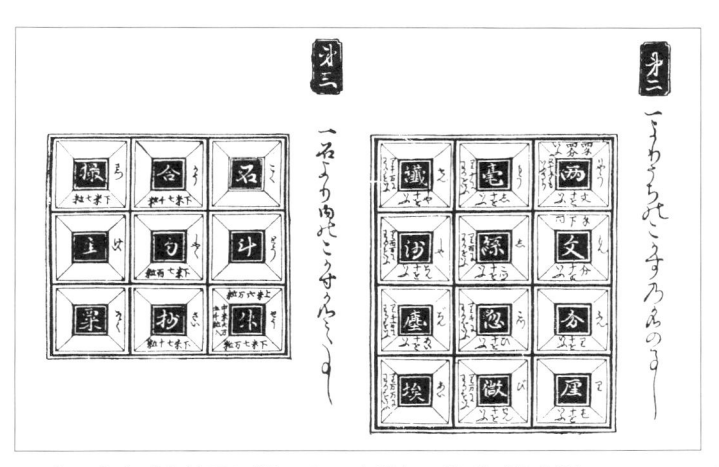

第 5 章　文化的価値からみた中等教育を中心とする数学教育内容の批判的考察

図18：吉田光由『塵劫記』「第二条　小数」の箇所（佐藤訳，2006, p.16）

ここで，10進数における小数の分，厘，毛などの命位が示されている。次の図19は，第七条の「見一」（2桁で割る割声）の部分である。

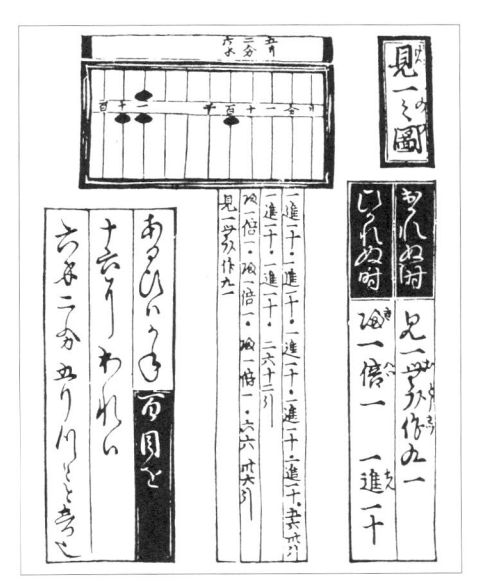

図19：吉田光由『塵劫記』「第七条　見一」の箇所（佐藤訳，2006, p.36）

161

この最後の行に，小数点はないが，6.25に当たる小数が現れている。ただし，この数は「匁」という単位が付いた名数である。

4-3-3．千葉胤秀『算法新書』

『算法新書』は，千葉胤秀が編集し，文政13年（1830）に出版された和算の教科書である。明治になっても版を重ね，幕末期から明治期にかけてのベストセラーといわれている。数の数え方やそろばんなどの初歩中の初歩からはじまり，代数，幾何，最終的には和算の最高の術といわれる円理の方法まで，独学でも学べるようにわかりやすく書かれていると言われている。

次の図20・図21は，『算法新書首巻』である。基数，大数，小数，度量衡，九九，……という流れで，これらを基本的なものとして，この書の冒頭において明記している。

ここまでにみてきた江戸時代の3つの和算書からは，当時の数量概念が「小数」を含む「名数（度量衡）」で統制されていたことを読み取ることができる。

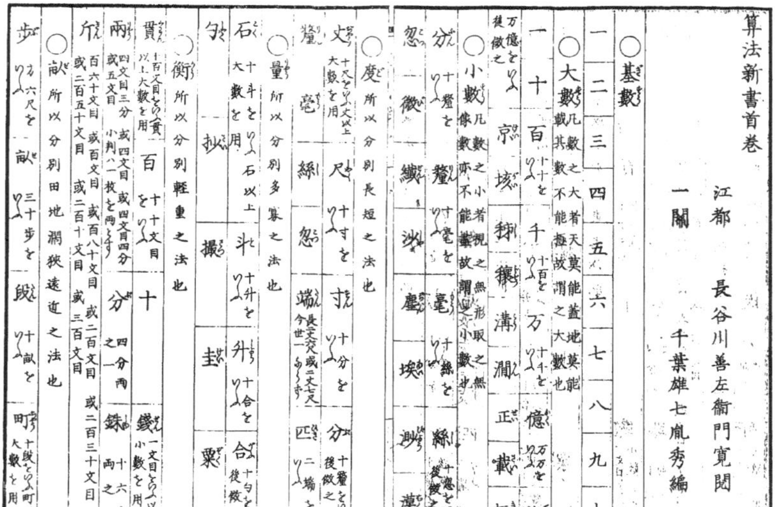

図20：千葉胤秀『算法新書　首巻』の前半（千葉，1830，p.1）

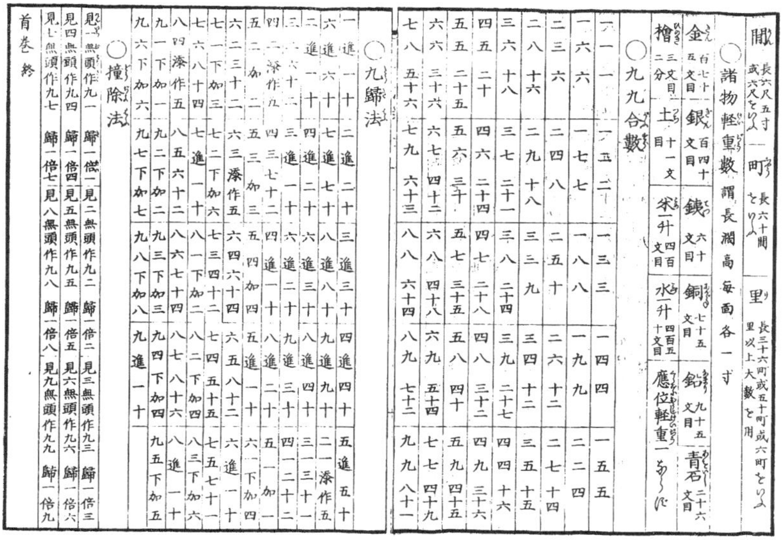

第5章　文化的価値からみた中等教育を中心とする数学教育内容の批判的考察

図21：千葉胤秀『算法新書　首巻』の後半（千葉，1830，p.2）

4-4. 西洋数学導入時代における数量概念

　幕末から明治初期の洋算輸入時代の状況をみていくため，この節では，柳河春三『洋算用法』(1857)，神田孝平『数学教授本』(1864)，塚本明毅『筆算訓蒙』(1869) を取り上げる。前節同様，数多くの書の中からこれらの書を取り上げるに当たっては，その時代の社会に広く教科書的書物として浸透した代表的なものという観点を重視した。細部に亘っての検討が必要であることは否めないが，ここで探ろうとする標記の状況の概略はこれらの書から読み取ることができると考えた。

4-4-1. 柳河春三『洋算用法』

　柳河春三『洋算用法』(1857) は，国際的記号を用いて西洋数学を説明した日本最初の本である。黒船来航 (1853) の4年後，日本の開港の前年に出版された。『洋算用法二編』は柳河が病没した明治3 (1871) に鷲尾卓意の著として刊行された。

　次の図22は，冒頭の「総説」に続く「数字の符号（めじるし）」の中の記

163

述である。ここで，小数の分，厘，毛などの命位が示されている。
ここで，小数の分，厘，毛などの命位が示されている。

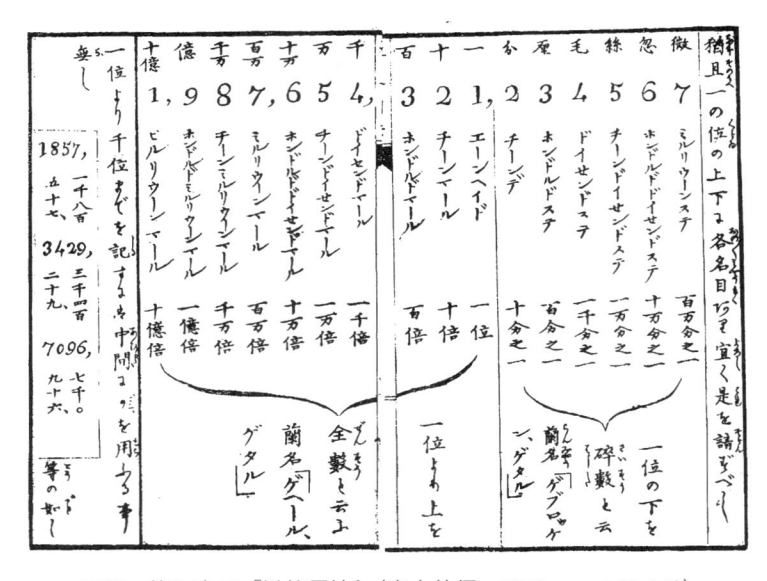

図22：柳河春三『洋算用法』（青木他編，1979，pp.147-148）

4－4－2．神田孝平『数学教授本』

江戸開成所教授並・同頭取を歴任した蘭学者神田孝平は，1864年に，開成所の教科書として『数学教授本』を著した。全四巻であり，巻一「加減乗除」，巻二「度量貨幣法」，巻三「分数　小数」，巻四「比例法」である。巻一では端数としての分数もみられるが扱っているのは格段の数の計算である。次の図23は，巻二の冒頭である。

巻二で度量衡を扱った後，巻三で分数と小数を説明している。

幕末のこの２つの洋算書からは，洋算を導入するに当たって，和算文化にあった「小数」や「名数（度量衡）」の表記はできるだけ生かしながら和算表現から洋算の表現へ変換しようとする意志を伺い知ることができる。

164

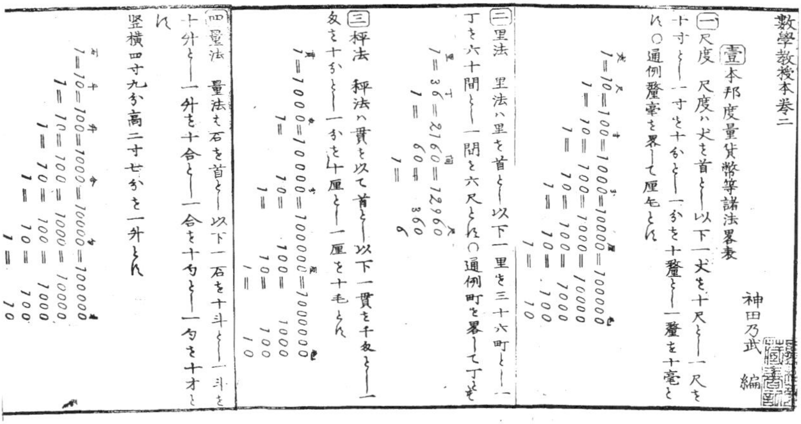

第5章　文化的価値からみた中等教育を中心とする数学教育内容の批判的考察

図23：神田孝平『数学教授本　巻二』(神田，1864, pp.1-3)

4-4-3．塚本明毅『筆算訓蒙』

　塚本明毅『筆算訓蒙』は，明治2年（1869）9月に刊行された。『筆算訓蒙』について，小倉金之助（1932）は《算術を，系統的に，しかも近代的なる教科書の形式において提供した，恐らく日本最初の著述である》（p.288）と述べ，《一面において，和算から全く脱出し得たと同時に，他面においては，単なる西洋からの直訳的でない所の，日本的なる風格を維持している》（p.288）として《数学教育上の傑作であった》（p.288）と賞賛している。そして，一般的な説述，例題による方法の詳述，計算問題，応用問題という，現代では通常に行われているこの順序は，わが国ではこの書物が最初であろうという。さらに，明治以来の日本算術教育の方向は，既にこの『筆算訓蒙』の中に指示されていたともいっている。

　次の図24は，『筆算訓蒙』の目次である。

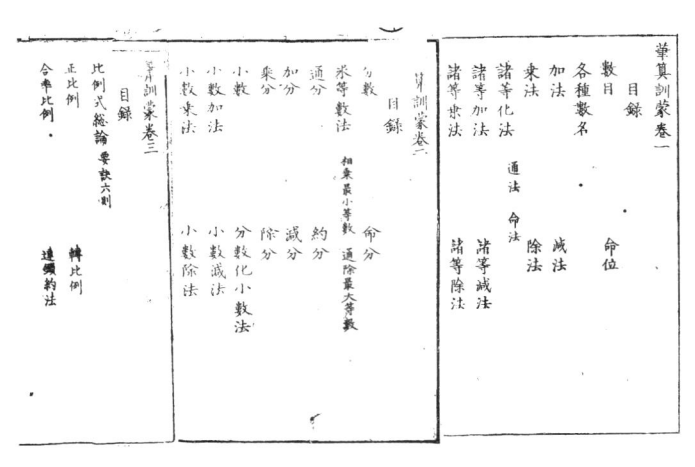

図24：塚本明毅『筆算訓蒙 巻一 目録』（塚本，1869）

この目次では，分数，小数の順になっているが，実は巻一冒頭の「数目」において小数が説明されている。次の図25は，『筆算訓蒙 巻一』の冒頭の箇所である。基数，大数，小数を示した後に洋字を紹介している。

図25：塚本明毅『筆算訓蒙 巻一』（塚本，1869, pp.1-2）

この後，「命位」について述べ，次の図26に示すように「各種数表」として度量衡の説明へと進めている。

第5章　文化的価値からみた中等教育を中心とする数学教育内容の批判的考察

図26：塚本明毅『筆算訓蒙　巻一』（塚本，1869，pp.5-6）

次の図27は，『筆算訓蒙　巻一』の最後の方に示されている箇所である。除法を度量衡の計算として行っている。

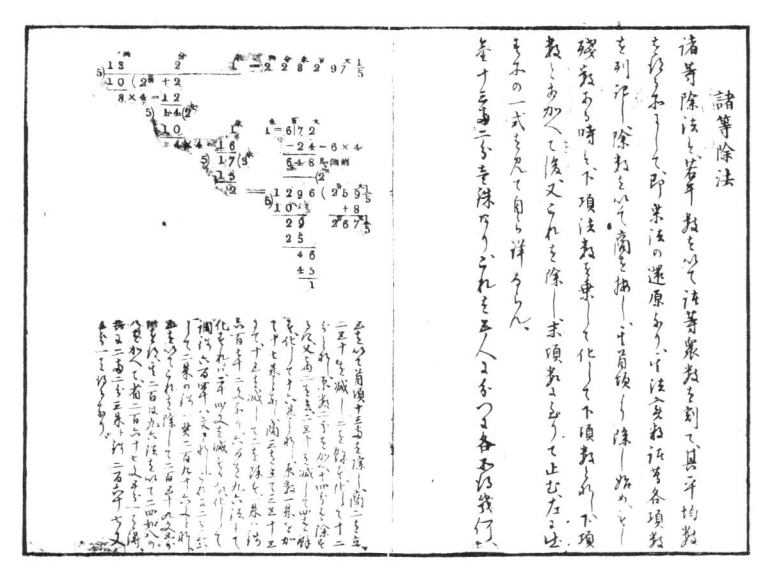

図27：塚本明毅『筆算訓蒙　巻一』（塚本，1869，p.61）

167

『筆算訓蒙　巻二』では，除法をきっかけとして分数，小数の順に展開している。次の図28は「小数」の節の冒頭箇所である。

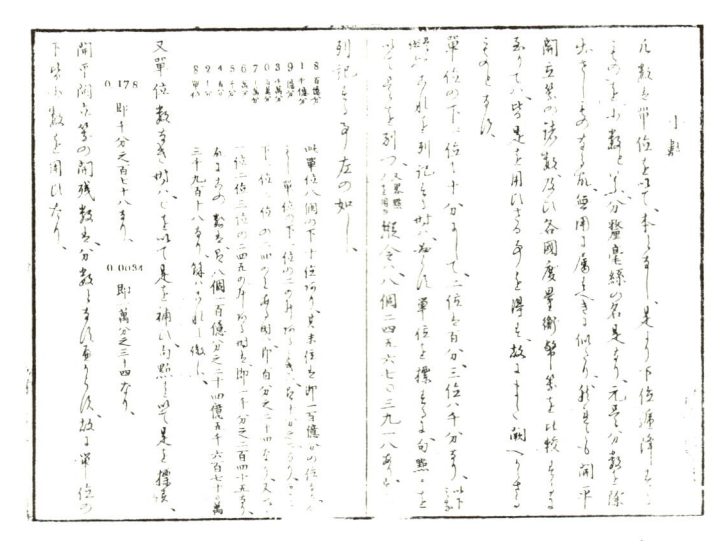

図28：塚本明毅『筆算訓蒙　巻二』（塚本，1869，pp.51）

和算の命位や度量衡との関係についても触れている。

4－4－4．『筆算訓蒙』における「小数」と「分数」

先に述べた『筆算訓蒙』は，「分数」の意義を含めた丁寧な記述がなされたものであり，西洋数学の数量概念に深く関わる「分数」を和算文化の根差す日本に「受容」したものと考えられる。「小数」と「分数」の扱いに焦点を当てながら，その詳細を次にみていきたい。

ここからは，まず項目として書名及び巻数を明示し，「小数」と「分数」に関係する箇所の記述を，取り扱われた順に，引用していくことにする。但し，ここでも p.55で述べたように，筆者が旧漢字を現代の漢字表記に変換している箇所がある。さらに，次小節 4－5．から本章末に亘り，各書の比較を容易にするため，筆者が仮名遣いや表記を現代的なものに直していることをお断りしておく。

第5章　文化的価値からみた中等教育を中心とする数学教育内容の批判的考察

『筆算訓蒙』(1869) 巻一

　冒頭において「数目」の節を設け，基数，大数，小数の説明を行っている。小数については次のような記述である。

　　小数　分　十分を一となす即十厘　厘　十毛　絲　十忽以下是に倣ふ
　　忽　微　繊　沙　塵　埃　渺　漠　（p.1）

この次の節「命位」に続いて，「各種数表」という節で，度数（長短，広狭，高下を計る所），量数（物を容れる時の多少を計る所），衡数（物の軽重を計る所），田数（地積の大小を計る所），歴数（天地及び象限を計る所），時数（時日を計る所），幣数（金銀を計る所）を説明している。ここで小数が現出する箇所は次の通りである。

　　丈　十尺　尺　十寸　寸　十分　分　十厘　厘　十毛　毛　十絲　絲
　　十忽　以下皆十分一なり　忽　微　（p.5）
　　貫　十百文目　百錢即百文目　錢又匁に作る，俗に文目という，錢以下小数を用ゆ　（p.5）
　　町　十段　段　十畝　畝　三十歩　歩　方六尺，即一間四方なり，又は坪といふ，歩以下小数を用ゆ　（p.5）
　　度　六十分　分　六十秒　秒　秒以下に，微繊忽芒塵等の名あり，皆六十分一なり，然れども今これを用ひず，只十分一の小数を用ゆ　（p.5）
　　日　二十四時　時　六十分　分　六十秒　秒　以下小数を用ゆ　（p.6）
　　両　四分六十錢　分　四銖　銖即三匁七分五厘なり　（p.6）

『筆算訓蒙』(1869) 巻二

　巻二の冒頭「分数」の節において，分数を次のように導入している。

　　凡除法に於て，その実数既に除数よりも小にして，除尽し難き者あり，若これを略し去て，加乗の法を行ふ時は，毛厘の差，必ず千里を誤るに至り，其数は遂に還原すへからす，故に是を存して，分数となし，以て加減乗除の法に施さざるを得す，是分数の因て起る所なり　（p.1）

169

「分数」の節の後に「不可除諸数」「可除諸数」「命分」の項目が続いている。その「命分」において，分数の具体を次のように示している。

　　　凡除法に於て，除尽する所の数を，整数といひ，除して単位の下，二
　　三位にて尽くるを，無奇零数といひ，除尽し難きものを，有奇零数とい
　　ふ，二零数皆命して，分母分子となし，幾分之幾といふ　　（p.7）

さらに，金三百五十八両を五人にて相分つに，各の所得如何（p.7）という例題を挙げ，次のように筆算を示し解法を記述している。

```
5)358(71.6     五を以て三百五十八両を除するに，七十一を得て，
  35     又71 3/5  尚残数三あり，三は五より少なれは，除し難き故，
   8            今仮りに三十となして，これを除すれは，商六を立
   5            てて，これを除し尽し，共に七十両六分を得る，即
  30            無奇零数なり，今其残数三は存して，分母子となし
  30            て，命して五分之三といひ，即一人の所得七十一両
   0            五分之三なり　　（p.7）
```

次に，《物十九個あり是を三分すれは其数如何》（p.7）という例題を挙げ，次のように筆算を示し解法を記述している。

```
3)19(6.33      十九を三分するに，商六を立て，十九より十八を減
  18    即     して，尚一を余す，今仮りにこれを十となして，商
  10   6 1/3   六個の下に，三を立て，これを減するに，遂に減し
   9           尽す能はす，是即有奇零数なり，今分母子を以て，
  10           是を命して，六個三分之一となす　　（p.7）
   9
   1
```

これに続いて，次のように述べている。

　　　凡諸数を除して，有奇零数に遇ひ，これを除して，単個以下五六位に
　　至り，其余りを捨去るときは，再ひ是を原数に還す能はす，是分数の因

170

て起る所にして，算術に於て最闕へからさるものなり（p.7）

この後の項目を列挙すると，「求等数法」「相乗最小等数」「通除最大等数」「通分」「約分」「加分」「減分」「乗分」「除分」となる。

4-5．明治期の算術教科書にみられる「小数」と「分数」

　この節では，明治5年（1872）の学制頒布後，洋算の採用によって，学校で扱われる数量概念がどのように変遷したのかを，当時の教科書の「小数」と「分数」の扱いに焦点を当てながら，その詳細を次にみていきたい。

　その前に，ここで，次のことを確認しておきたい。

　算術及び初等代数学の「受容」に至る過程を，「和算」との関わりから捉えると，その過程は大きく次の三段階に分けられる。

第一段階：和算表現から洋算表現への「変換」の段階

第二段階：西洋数学原書から日本語への「翻訳」の段階
　　　　（「翻訳書」の充実等も含む）

第三段階：日本人独自の日本語の「教科書」編纂の段階

　この三段階は明確に区別できるものではない。例えば，第一段階と第二段階は時間的な重なりがあるし，第三段階に至っても第二段階は続けられていったと言ってよい。

　第一段階は，わが国最初の洋算書，柳河春三『洋算用法』（1857）に，その典型を見ることができる。和算の点竄術（てんざんじゅつ）を西洋の代数表現に「変換」している。西洋数学「受容」過程において，第二段階の日本語への「翻訳」は洋算採用に伴う必然と言ってよい。前節では，この第一段階の書を取り上げている。神田孝平『数学教授本』（1864）と『筆算訓蒙』（1869）も柳河春三『洋算用法』（1857）と同様，和算表現から洋算表現への「変換」の段階（第一段階）に位置付けられる。本節では，第二段階：「翻訳」の段階を経て，

171

第三段階：日本人独自の日本語の「教科書」編纂の段階に至るところをみていきたい。

4-5-1. 初等教育における「小数」と「分数」

当小節において取り上げる教科書は，海後宗臣編『日本教科書大系　近代編　算数』第10巻（1962）・第11巻（1962），第12巻（1963）・第13巻（1962）に収録されているものであり，当小節における引用は全てこの教科書の記述を基にしている。なお，引用箇所の直後に，（上記の書の引用巻，引用頁）を示している。

(1)　第二段階：「翻訳」の段階

『小学算術書』（1873）は，明治初期の小学校教科書として広く普及した代表的な算術教科書である。五巻本で，巻之一（加算）は下等小学第二学年前期用，巻之二（減算）は下等小学第二学年後期用，巻之三（乗算）は下等小学第三学年前期用，巻之四（除算）は下等小学第三学年後期用，巻之五（分数）は下等小学第四学年用である。

次に，項目として書名及び巻数を明示し，「小数」と「分数」に関係する箇所の記述を，取り扱われた順に，引用していくことにする。

『小学算術書』（1873）巻之四

「除算」の章の後に「集合数」という章を設け，そこで日本の度量衡の計算を扱っている。

『小学算術書』（1873）巻之五

　　　分数とは一個を等分の数個に分ちその一部分二部分等の数をいう（10巻，p.77）

『小学算術書』（1873）は，ペスタロッチ主義に基づく外国の教科書をモデルに編集されており，この書には小数は一切登場していない。実物の直観によって教授する立場から多数の絵を用いている点も本書の特色として注目

第5章　文化的価値からみた中等教育を中心とする数学教育内容の批判的考察

される。

(2)　第二段階：「翻訳」の段階から第三段階：日本人独自の日本語の「教科書」編纂の段階への移行期

　『小学筆算書』(1882) は，明治14年 (1881) 5月に定められた「小学校教則網領」に準拠して編集された代表的な筆算教科書の一つである。六巻本で，巻の一・巻の二は初等科（三年）用，巻の三・巻の四は中等科（三年）用，巻の五・巻の六は高等科（二年）用である。

　本書の関係箇所の引用を，次に行う。

『小学筆算書』(1882) 巻の三

　　　（分数）　全体を分けた等部分の数に基づき命ずるものである。等部分の値は全体を分ける所の数に準じて異なる。即ち，分ける所の部分が愈々多ければその値は愈々少なくなるはずである。即ち，物の二分の一は三分の一よりも大きく，三分の一は四分の一よりも大きい。即ち，線を分けてその比較を示す。

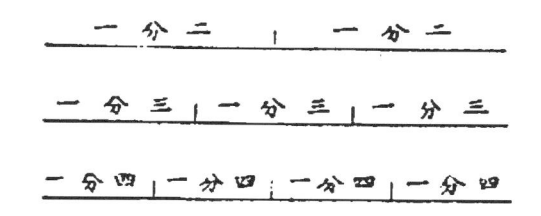

一分二	一分二

一分三	一分三	一分三

一分四	一分四	一分四	一分四

　　［備考］　分数は生徒が最も了解し易くないものであるから，専ら実例を示し反復詳説することが必要である。(11巻，p.85)

『小学筆算書』(1882) 巻の四

　　　小数は（即ち十降分数）は十若しくは十に由って倍する十を分母とする所の分数である。(11巻，p.109)

173

（小数名数）　整数の名数において各数字の値はその位置に関して一位を左方に進める毎に十倍となっている。右方に退く毎に十分の一になっていることを説明する。（略）小数を表す方法は，整数と相異なることはない。（略）
　　（命位表）　基位より右方の位名は宜しく，次表によって講究することができよう。

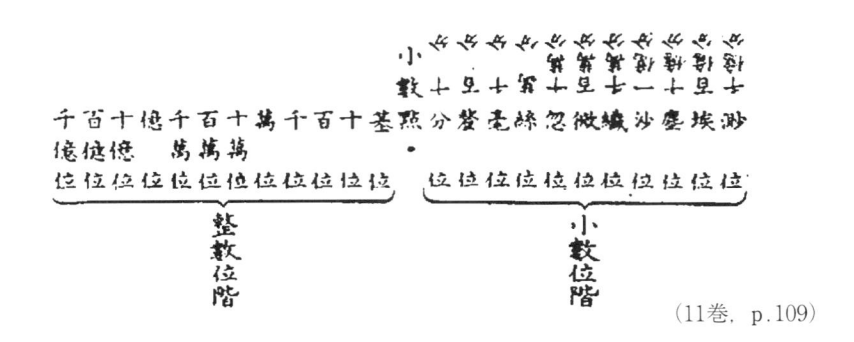

（11巻，p.109）

　『高等小学筆算教科書』（1894）は，明治24年（1891）の「小学校教則大綱」に準拠して編集されたものであり，検定時代中期を代表する筆算教科書である。本書は，高等小学校の各学年に一巻を配当した四巻本である。
　本書の関係箇所の引用を，次に行う。

『高等小学筆算教科書』（1894）巻之一
　第一篇「整数」に続く第二篇「複名数」で度量衡の計算が扱われている。「複名数」の説明は次のようになされている。

　　　単名数とは一種の数基を以て計（かぞ）えた数である。複名数とは二種以上の数基を以て計（かぞ）えた数である。（12巻，p.246）

　続く第三篇「数の性質」で約数や倍数について取り扱った後，第四篇「分数　上」で分数を次のように定義している。

第5章　文化的価値からみた中等教育を中心とする数学教育内容の批判的考察

　　定義一　分数とは数基を等分したもののその一をもって計（かぞ）え
　　た数である。（12巻，p.266）

　分数の意義に続いて，約分，通分の説明をしている。それらの説明の後に
はそれぞれ，練習問題として複名数（度量衡）の計算を盛り込んでいる。
『高等小学筆算教科書』（1894）巻之二
　第一篇「分数　下」において，分数の加減乗除の内容を扱うが，この篇全
体を通して練習問題だけで展開されている。練習問題は式の計算の後に複名
数（度量衡）の計算という構成である。
　続く第二篇「小数」の冒頭の記述は次の通りである。

　　小数とは，十，百，千等を分数に次の名を命じたものである。分　厘
　　毛　絲　忽。（12巻，p.292）

　その後，算用数字と常用数字との相互変換を練習させている。続いて，次
のような問題を挙げ，複名数（度量衡）の問題へと発展させている。

　　次の算用数字の単位を銭とみなせば幾らになるか。
　　2・35，　・72，　・8，　72・05，　30・04．（12巻，p.293）

　その後，小数と分数との相互変換を練習させている。続いて，小数の加減
乗除の計算問題を扱っている。ここでの練習問題も前篇同様，式の計算の後
に複名数（度量衡）の計算という構成である。
　『小学算術高等科』（1900）は，明治33年（1900）の小学校令並びに同施行
規則準拠して編集された高等小学校用の算術教科書である。本書は和装横綴
りの四巻本であり，各学年に一巻を配当している。本書には別に教師ようが
編集されている。各巻に対応して一巻が編集されたこの教師用書には，各課
毎に目的が掲げられ，教授の方法の解説や，教授上留意すべき事項等が示さ
れている。
　本書の関係箇所の引用を，次に行う。

175

『小学算術高等科』（1900）巻一

　第一篇「整数」，第二篇「十進以外の諸等数」，第三篇「小数」という構成である。この書全体を通して，数の表し方，筆算，度量衡の計算が交互的に配置され展開されている。ここで扱われる度量衡には，日本のものに加えて，メートルやグラムなど西洋のものも含まれている。
　第三篇「小数」の冒頭は，次のような問題で始められている。

　　　単位を円として，5627. を読め。（12巻, p.450, p.455）

　この篇の最後の問題は，次の通りである。

　　　五貫目入り，一俵の値，三十八銭である木炭があり，金一円を出せば，幾貫目を得ることができるか。（12巻, p.455）

『小学算術高等科』（1900）巻二

　第一篇「分数」，第二篇「分数及び小数の続き」，第三篇「単比例」という構成である。この書全体を通して巻一と同様に，数の表し方，筆算，度量衡の計算が交互的に配置され展開されている。ここで扱われる度量衡も巻一と同様，メートルやグラムなど西洋のものも含まれている。第一篇「分数」の冒頭では，次のように述べられている。

　　　単位を幾つかに等分したものを，"幾つ分の一"という。このような数を，幾つか集めたものを，"幾つ分の幾つ"と言う。"幾つ分の幾つ"と言って数える数を，分数と言う。（12巻, p.458）

　その後，分数の記法，加減乗除，整数の性質，約分，通分という内容が展開され，第二篇の分数小数混合計算へとつなげられている。分数掛算では，次のような割合分数の問題も扱われている。

　　　一里の六分の五は幾町になるか。（12巻, p.473）

第三篇「単比例」では，正比例の説明の後，単位量当たりの大きさとしての分数の扱いが登場する。関係箇所は次の通りである。

　　　筆六本の値が四十二銭である時は，十五本の値は幾らになるか。
　　　$42 \times \dfrac{15}{6} = 105$　答　一円五銭。（12巻，p.483）

この篇の最後の問題は，次の通りである。

　　　又乙が一人で，次の日数間に成す事を，二人協力して為せば，幾日にて成し遂げられるか。（イ）八日，（ロ）十五日半，（ハ）十九日三分の一。（12巻，p.489）

(3)　第三段階：日本人独自の日本語の「教科書」編纂の段階
　小学校教科書の国定制度は明治36年（1904）に定められ，算術の国定教科書は明治38年（1906）から使用された。国定制度の実施によって初めて使用された第一期国定算術教科書は，『尋常小学算術書』（1905）第一学年から第四学年までの教師用各一冊，『高等小学算術書』（1905）第一学年から第四学年までの児童用及び教師用各一冊である。
　これらの書の関係箇所の引用を，次に行う。

『尋常小学算術書』（1905）第四学年教師用

　　　何分の何とは幾つかに等分したものを幾つか集めたものである。（13巻，p.45）

　　　分，厘，毛などが集まってできる１未満の端数を小数といい，小数に対して通常の数を整数という。（13巻，p.45）

　　　［小数を整数で除すること］　整数の除法と同様である。但し，次の注意を要する。丁度整数の桁を割り終わるときは，先ず得た数字の右に小数点を打ち，そうした後に計算を続けること。（13巻，p.46）

（諸等数）この所においては，次のことを授けなければならない。
1．諸等数を最低単位の単名数（整数）に直すこと。
2．これをその他の単名数に直すこと。
3．単名数（整数，小数）を諸等数に直すこと（読むこと）。(13巻，p.46)

『高等小学算術書』(1905) 第一学年児童用

次の数は各何と呼ぶか。一の十分の一，一の百分の一，一分の十分の一，一分の百分の一，一厘の十分の一，一の千分の一。(13巻，p.56)
次の小数を読め。0.1，0.01，0.001，0.7854，63.5，0.96，0.094，2.7183。
(13巻，p.56)

次の数を数字で書け。一分，七毛，六分五厘，四厘八毛，九厘，百二十八と三分五厘六毛。(13巻，p.56)

数量は，単位の名の前にその数を添えて言い表す。例えば，10圓，4.5尺のように。このように，ただの数に単位の名を添えたものを名数と称する。(13巻，p.56)

次の名数を通常の語で言い表せ。100銭，10寸，10尺，10畝，10段，100畝，10升，10斗，100升，1000匁，0.3圓，1.25圓，4.5尺，7.38町歩，0.9石，4.25斗，0.5斤，6.35貫。
ただの数も名数と同様に一の外の数を単位として書き表すことがある。2万，4.5万，1.25億のように。(13巻，p.56)

次の名数を各附記の単位を単位とする名数に直せ。12圓（銭），25銭（圓），7尺5寸（丈），3斗9升（石），4.5升（合），6万8千（万）。(13巻，p.56)

一数に整数を掛ける乗法とは，その数をその整数だけ加え合わす簡便法である。その掛けられる数を被乗数，掛ける数を乗数，掛けて得る結

第 5 章　文化的価値からみた中等教育を中心とする数学教育内容の批判的考察

果を積と称する。乗数は常にただの数であり，被乗数と積とは同名の数である。(13巻，p.58)

　除法とは，一数がどのような数と他の一数との積に等しいかを求める方法である。その前の一数を被除数，後の一数を除数，求めた数を商と称する。除数がただの数であれば，除数は被除数と同名の数である。除数と被除数と同名の数であれば，商はただの数である。(13巻，p.58)
　（小数を掛けること）　小数を掛けるには，小数点を顧みずに掛け，小数点の桁数の和だけ小数位があるように小数点を打つこと。(13巻，p.59)

　1升17.5銭の白米4升の代金，0.4升の代金は何程になるか。(13巻，p.59)

　（小数で割ること）　小数で割るには，先ず除数と被除数との小数点を同じ桁数だけ右へ移して除数を整数にして，そうした後に割ること。(13巻，p.59)

　四斤半で貳圓貳銭五厘の茶一斤の代価は何程になるか。(13巻，p.59)

『高等小学算術書』(1905) 第二学年児童用
　冒頭において，「倍数，公倍数」，「約数，公約数」の説明を行い，「分数の意義及び書き方」を線分図と共に次のように示している。

【分数の意義及び書き方】

$\frac{1}{2}$　二分の一

$\frac{1}{3}$　三分の一

$\frac{2}{3}$　三分の二

$\frac{1}{2} \times 2 = 1$　　$\frac{1}{3} \times 3 = 1$　　$\frac{1}{4} \times 4 = 1$

$\frac{1}{3} \times 2 = \frac{2}{3}$　　$\frac{1}{4} \times 3 = \frac{3}{4}$　　$\frac{1}{5} \times 4 = \frac{4}{5}$

(13巻, p.77)

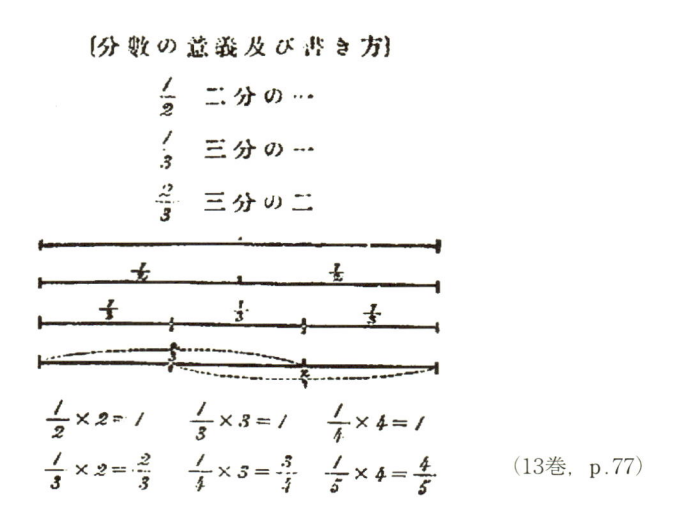

その後, 分数を次のように説明している。

　　分数とは幾分の幾つと唱える数にして, 1を幾つかに等分したものの幾倍かのことである。(13巻, p.77)

それから, 約分, 通分, 加減の計算を説明した後, 名数の加法及び減法を取り扱っている。
「分数に分数を掛けること」と「分数を分数で割ることは, 展開の様子が分かるよう要点部分を取り出し, 記述の順に列挙する形で, 次に示すことにする。

　　或る数に分数を掛けるとは, その数を分母で割り, これに分子を掛けることである。(13巻, p.81)

　　分数を掛けるには, 分子に分子, 分母に分母を掛けること。(13巻, p.81)

　　或る数の幾つ分の幾つとは, その数にその分数を掛けたものである。

第5章 文化的価値からみた中等教育を中心とする数学教育内容の批判的考察

(13巻，p.81)

　　1里の$\frac{5}{8}$は何町になるか。(13巻，p.81)

　或る数を分数で割るには，その分母分子を取り換えて得る分数をその数に掛けてよい。(13巻，p.82)

　　$\frac{1}{12}$が3町である距離を求めよ。(13巻，p.82)

　　8圓が$7\frac{1}{2}$倍に当たる金高を求めよ。(13巻，p.82)

(4) 明治期初等教育における「小数」と「分数」の扱いの変遷

　明治5年（1873）の『小学算術書』は外国の教科書をモデルにしたもので，分割分数を扱っている。分数の導入の前に日本の度量衡の計算を扱っているが，本書には小数は一切登場していない。明治14年（1881）の『小学筆算書』では，分割分数の後，和算文化の小数を命位表と共に扱っている。明治24年（1891）の「小学校教則大綱」に準拠して編集された『高等小学筆算教科書』（1894）は，複名数（度量衡）の計算を扱った後，分割分数を導入し，分数の練習問題として複名数（度量衡）の計算を盛り込んでいる。この後，小数を扱い，複名数（度量衡）の問題へと発展させている。明治33年（1900）の小学校令並びに同施行規則準拠して編集された『小学算術高等科』（1900）は，整数，十進以外の諸等数，小数と展開した後，分割分数を導入している。分数に続く「単比例」の所では，単位量当たりの大きさとしての分数の扱いも登場する。

　明治36年（1904）に定められた小学校教科書の国定制度の実施によって，明治38年（1906）から初めて使用された第一期国定算術教科書である『尋常小学算術書』（1905）（海後宗臣編，1962，第13巻 pp.2-54），『高等小学算術書』（1905）（海後宗臣編，1962，第13巻 pp.55-96）は，次のような構成である。『尋常小学算術書』（1905）は，第三学年までは自然数について数の唱え方・書き方や加減乗除の計算を扱い，第四学年から「小数」を導入している。ここでは，「何分の何とは幾つかに等分したものを幾つか集めたもの」や「小

数とは，分，厘，毛などが集まってできる1未満の端数」という説明から始め，諸等数（複名数）を最小単位の単名数に直すこと，その他の単名数に直すこと，逆に単名数を諸等数に直すことを練習させている。

　続く『高等小学算術書』(1905)の第一学年では「小数」を本格的に扱う。小数の和洋の読み方・書き方の説明から始め，「名数とはただの数に単位の名を添えたもの」と説明し，「名数」と小数表記をつなぎ，小数の乗除計算を，やり方の説明の後「名数」へ応用するという方法で習熟させていくようにしている。

　第二学年で，初めて「分数」を導入している。「分数」を，「幾つ分の幾つと唱える数」，「1を幾つかに等分したものの幾倍かのこと」と説明している。これまでの教科書と同様の分割分数の説明のようにみえるが，よくみると，これまでのものとは分数の捉え方が変化していることに気付く。「分数」を，これまでの量の表記としてではなく，唱える「数」としている。また，これまでは「単位」としていたところを「1」という「数」にしている。即ち，「数」を分割したものはやはり「数」であると言っているのである。分数の四則計算は，小数の場合と同様，やり方の説明の後「名数」へ応用するという方法で習熟させていくようにしている。そして，小数と分数の関係からその互換の練習を行わせた後，割合を扱う「歩合算」へと進めている。この「歩合算」では，呼び方に「割，分（歩），厘，毛」を使用し，分数もこの呼び方に直させ，「名数」の四則応用問題へと発展させている。

　今みてきた第一期国定算術教科書の構成には，藤澤が『数学教授法講義筆記』(1900)で述べているような算術教育においては，小数は度量衡と併せて十分にやり，分数は小数の後に軽く扱えばよい（pp.196-199の要約）という意図が反映されているとみることができよう。

　　4-5-2．中等教育における「小数」と「分数」
(1)　第二段階：「翻訳」の段階
　明治20年（1887）に出版された長澤亀之助訳『スミス初等代数学』は，日本で最初の左起横書き数学書として意義深いものである。
　本書の関係箇所の引用を，次に行う。

182

第5章　文化的価値からみた中等教育を中心とする数学教育内容の批判的考察

算術上ノ分数 $\frac{5}{7}$ トハ単位ヲ七等部ニ分チ其部分五ツヲ取ルコトナリ．同様ニ分数 $\frac{a}{b}$（但aトbトハ正ノ整数ナリ）トハ，単位ヲb等部ニ分チaダケ取ルコトナリ．（p.128）

こう述べた上で，代数においては，分数 $\frac{a}{b}$ のaとbを正の整数だけに限定しておくことはできないとして，分数を，代数分数として，次のように定義し直している．

定義Ⅰ．代数分数 $\frac{a}{b}$ トハ之ニbヲ乗ズレバaトナル如キ量ナリ但aトbトハ任意ノ数値ヲ有チ得ルモノトス．
定義Ⅱ．代数分数 $\frac{a}{b}$ ハaヲbニテ除シタル商ナリ．（p.129）

(2)　第三段階：日本人独自の日本語の「教科書」編纂の段階
　この第三段階の最初の算術教科書の一つとして，フランスの数学を基調して編纂され，理論流儀算術の，寺尾寿の『中等教育算術教科書　上・下』(1888a・b) を取り上げる．
　この上巻(1888a)において，分数と小数がどのように扱われていたのか，関係箇所を引用する．

第三編　分数　第一章　分数ノ総論
分数ノ起源　　（略）
定義　前ニイヘルコトニヨリテ，或ル量ガ単位ヲ幾個ニ等分シテ得ル所ノ部分ノ幾倍ニ等シキカヲ示ス所ノ数ナリ　　（略）（pp.237-238）
第四編　小数及ビ帯小数
第一章　小数及ビ帯小数ノ総論
定義　十ノ或ル階級ノ冪ヲ分母トシタル分数ニシテ一ヨリ小サキモノヲ小数ト名ツケ，一ヨリ大ナルモノヲ帯小数ト名ヅク　　（p.309）

第三編「分数」，第四編「小数及び帯小数」の順に展開され，その扱いは「量」の理論として一貫していることがわかる．
　次に，この理論流儀の算術を批判し，独自に編纂された藤澤の『算術教科

書　上巻・下巻』(1896a・b) を取り上げる。この上巻 (1896a) において，小数は，名数と共に第一編で，分数はずっと後の第五編で取り扱われる。小数と分数がどのように扱われていたのかを次にみていく。

　まず，「小数」はどのように導入しているか。「第一編　緒論」の関係箇所は，本節3-5．「藤澤の算術教科書」において引用した (p.151を参照)。「小数」は，「数え主義」における10進法を逆さまに適用した結果として得られるものとしていた。

　では，「分数」はどのように導入しているか。「第二編　四則」の関係箇所は，本節3-5．「藤澤の算術教科書」において引用した (pp.153-154を参照)。藤澤は，分数の導入においては，「数え主義」を土台とした割り算から出発し，和算の用語「実」や「法」，「商」などを用いながら説明を展開している。したがって，次のことが言えよう。

　藤澤は，まず，「数え主義」の逆の適用により小数を導入した。そして，和算での小数を確認した上で，その和算の小数の考えを基にして，和算の割り算から西洋数学の代数につながる計算をも対象とする分数へと発展させている。

4-5-3．藤澤『算術教科書』における「小数」と「分数」

(1)　「小数」と「分数」の取り扱いに関する考え

　先に述べた藤澤の『算術教科書　上巻・下巻』(1896a・b) の展開や『算術條目及教授法』(1895) からは，「数」の指導に対して，次のような意図も読み取ることができる。藤澤は，寺尾の教科書を，わが国初めての理論体系をもった算術書であると評価しながらも，「算術に理論なし」とし，理論流の算術を普通教育から排斥しようとした。算術教科書では，数の後に量・単位を説くのならともかく，決して量・単位を説いた後に数とは単位の量中に含まれる個数であるなどと説くべきではない，量・単位を用いるよりも「名数」を方便として用いる方がよい，という意図を，である。

　次に，藤澤の『算術教科書　上巻・下巻』(1896a・b) での「小数」と「分数」の取り扱いに関する考えを，後の書である『数学教授法講義筆記』(1900b) の記述から掴みたい。関係箇所を次に引用する。

第 5 章　文化的価値からみた中等教育を中心とする数学教育内容の批判的考察

　十進法トイウモノハ大変重要ナモノデアル。（p.142）

　今日コノ十進法ニ叶ウ制度ヲ実行スルニツイテハ，小数ヲ是非トモ整数ト一緒ニ取リ扱ワナケレバ効能ガナイ。（p.142）

　小数ハ整数ト全ク同一ニシテ計算スルコトヲ得又ソコニ小数ノ価値ガアルノデス（p.143）

　十進法ヲ逆ノ順序ニ応用スルト小数ガ出テ来マスカラ分数ヲ教授シタル後ニコレヲヤラナクトモ小数ハ容易ニ導キ出スコトガ出来，（p.143）

　割リ算ニテハ割リ切レルト云フ場合ハ滅多ニアリマセヌ，所デ割リ切レナイトスルト実際ハ其割リ算ノ商ハ小数迄出サナケレバナリマセヌ，然ルニ始メニ小数ヲ教授シナイトノコトデ剰余ヲ分数ノ形ニシテ置クト云フコトハ，実地ニ算術ヲ応用スル上ニ於テ面白クアリマセヌ（p.144）

　整数ト小数トヲ一所ニシテ隠微ノ間ニ数ノ意義ヲ拡張スルハ，学理上ヨリ云フト不都合デハアリマスガ，此レハ避クルベカラザルコトデス，実際一ッノ目的ガアッテ其目的ノ方ニ我我ハ重キヲ置クノ結果トシテ箇様ナコトガ出テ来ルノデスカラ，（p.146）

　小数ハ独立サセテ分数ヨリモ先ニヤル方ガ善イト信ジマス（p.146）

　整数ノ性質ハ分数ノ篇ニ於テ入用ナルガタメニヤルノデスカラ，分数ヲ簡単ニスレバ従テ整数ノ性質モ亦簡単ニナリマセウ（p.193）

　我国ノ度量衡ハ十進法ニ叶フモノガ多イカラ分数ハソレ程必要デアリマセヌ（pp.196-197）

　英国デ分数ヲ多クヤルト云フコトハ度量衡ニ盛ニ使フカラデアッテ我国デハソレ程必要ナモノデナイト云フコトヲ考ヘズニ其儘我国ニ適用シ

185

タカラ，余リ実用ノ少ナイ分数ヲ沢山ヤリ，詰ラヌ所デ生徒ニ困難ヲ与ヘマシタ（p.197）

而シテ其（分数ノ）純然タル学理ニ至ツテハコレヲ代数学ニテ論ズル方ガ善イト思ヒマス（p.198）

(2) 代数につながる「分数」の導入

上の(1)でみたように，藤澤は，分数の理論は代数学で扱えばよいと考えた。では，藤澤は，彼の『算術教科書　上巻・下巻』（1896a・b）において，代数につながる「分数」をどのように導入しているか，について次に述べたい。本書上巻の構成は，第一篇から，（「数え主義」の逆の適用により）小数を導入し，「名数」と共に，第三篇まで十分に習熟させた後，整数の性質を扱った上で，第五篇において，本格的に「分数」を扱うというものである。「分数」という語は，第二篇「四則　整数の割り算」のところで，「23を7で割るときは商3剰余2となる」ことを例に取り，剰余の処理の仕方において出てくる新規の数として導入されている。第五篇「分数」では，分数を「整数を整数で割った商を新規の数としたもの」と定義している。ここでは，（スミス初等代数学の言う）「算術上の分数」と「代数分数」の区別が明確に意識されていたのではないか。さらに言えば，小学算術においては，分割操作から生じる「算術上の分数」だけを扱い，それを「量」の表記ではなく，「小数」同様，「名数」と深く関わる「数」として捉えさせようとした。代数にもつながる中等教育の算術においては，（和算文化にもあった）乗除算の結果として生ずる「代数分数」を中心にして展開していこうと，藤澤は考えたのではないかと推察できる。

4-6．当小節における考察

4-6-1．和算文化と西洋数学の数量の捉え方における基本的な相違

主には4-1．〜4-3．においてみてきたように，日本には，古くから，数を数える，九九や割声を唱える，という文化があり，和算文化においては，1より小さい数に対しても，言わば数を数える，唱えるように，小数とその

命位が存在し，数の構成は大きい数から1より小さい数まで含めての完全な10進数であった。和算に根付いた算盤（そろばん）は完全な10進計算のしくみであったし，度量衡を表す名数も10進法が大半を占めている。度量衡の最小単位より小さいものに小数が使われていた。日本には端数を表す（計算の対象とはならない）分数しか存在せず，和算文化における数量概念は小数を含む名数を基盤とするものであり，数と量を明確に区別するような意識は希薄であったと言える。

これに対し，西洋では数量の扱い方が分割分数や数の比に由来している。西洋数学では整数のみが10進数であり，1より小さい数は分数の特別なものである。度量衡も10進法ではなく分数に由来するものが多かった。西洋数学における小数の歴史も西暦1400年以降とかなり遅いものである。西洋数学における数量概念は，古来より，有限分割操作や自然数の比を基礎とする分数表記を基盤として培われてきた。西洋においては，分数では表せない量（非通約量）の発見もあり，数と量の理論的並行性の崩壊が起こった。西洋数学における数量概念には，主に学問上においては，比の理論や量の線分表記も関わっている。

4-6-2．西洋数学の「分数」を受容する必要の発生

和算文化においては除算を続けて行えば小数で表せない量は無かったし，西洋数学のような問題は起こらなかった。しかし，除算の結果としての（塚本の言う）「有奇零数」からは，元の乗算における原数に戻すことはできない。藤澤の言うように，日本において分数は算術教育における数量の学習に限れば余り必要ではないものであったかもしれないが，西洋数学導入当時，小数表記には塚本の言うような限界もあり，分数を抜きにして小数だけから数や量の理論を必要とする「代数」等にはつなげることができないという意識が芽生えた。西洋数学導入・採用の動向に伴い，当時の日本に算術教育においても「代数」等への発展をも可能にする西洋数学の「分数」を受容する必要が生じたと考えられる。

4-6-3．西洋数学の「分数」の受容に至る経緯

ここでは，西洋数学の数量概念に深く関わる分数を，日本ではどのように

受容したのか，について言及していきたい。西洋数学の分数の受容を，便宜上，学問上におけるものと教育上におけるものとに分けて述べる。

(1) 学問上における分数の受容

学問上における分数の受容の完成は，方法の大きく異なる次の二つの教科書にみることができる。4-4-3．及び4-4-4．で述べた明治2年（1869）に刊行された塚本明毅の『筆算訓蒙』と，4-5-2．で述べた明治20年（1888）に刊行された寺尾寿の『中等教育算術教科書』である。塚本『筆算訓蒙』（1869）は，和算文化にあった除算の結果を一般化する方向で分数を導入し，小数を含む完全な10進法を基盤とし，10進法を主とする度量衡を表す名数を方便として，西洋数学の（計算をも対象とする）分数を受容したものである。一方，寺尾『中等教育算術教科書』（1888）は，等分割操作から生じる分数（以下，単に分割分数という）の考えを基調とし西洋数学の「量」の理論へと発展できる分数を（小数を介在させずに）受容したものである。

(2) 教育上における分数の受容

教育上における分数の受容に至る経緯について，主には4-5-1．及び4-5-3．でみてきた。そこで述べた内容を簡潔に整理して，「小数」と「分数」及び「名数」の扱いの変遷を明確にしていきたい。

まず，6-1．で述べた内容を教科書毎に要約する。

『小学算術書』（1873）；外国の教科書をモデルにしたもので，分割分数を扱っていて，小数は扱われない。

『小学筆算書』（1881）；分割分数の後，和算文化の小数を命位表と共に扱う。

『高等小学筆算教科書』（1894）；複名数（度量衡）の計算を扱った後，分割分数を導入し，分数の練習問題として複名数（度量衡）の計算を盛り込む。この後，小数を扱い，複名数（度量衡）の問題へと発展させている。

『小学算術高等科』（1900）；整数，十進以外の諸等数，小数と展開した後，分割分数を導入する。単位量当たりの大きさとしての分数の扱いも登場する。

『尋常小学算術書』(1905)：第三学年までは自然数について数の唱え方・書き方や加減乗除の計算を扱い，第四学年から「小数」を導入している。小数の説明から始め，諸等数（複名数）を最小単位の単名数に直すこと，その他の単名数に直すこと，逆に単名数を諸等数に直すことを練習させている。

『高等小学算術書』(1905) 第一学年；「小数」を本格的に扱う。「名数」と小数表記をつなぎ，小数の乗除計算を，やり方の説明の後「名数」へ応用するという方法で習熟させていくようにしている。

『高等小学算術書』(1905) 第二学年：初めて「分数」を導入している。「分数」を，これまでの量の表記としてではなく，唱える「数」としている。分数の四則計算は，小数の場合と同様，やり方の説明の後「名数」へ応用するという方法で習熟させていくようにしている。そして，小数と分数の関係からその互換の練習を行わせた後，割合を扱う「歩合算」へと進めている。この「歩合算」では，呼び方に「割，分（歩），厘，毛」を使用し，分数もこの呼び方に直させ，「名数」の四則応用問題へと発展させている。

以上のことから，初等教育の「小数」と「分数」及び「名数」の扱いの変遷の概略は次のように言えよう。

最初の外国教科書をモデルにしたものは主には分割分数を扱い小数を扱わなかったものの，その後の教科書は，「小数」を含む「名数」による扱いを基本に据え，「小数」の扱いに重点を置く方向に推移していった。さらに，「分数」は「小数」の後に扱うようになり，「分数」を分割操作から生じるものとしてだけではなく，乗除算の結果として生じるものとして捉えられるようになった。

上に挙げた『尋常小学算術書』(1905) と『高等小学算術書』(1905) は第一期国定算術教科書であるが，その構成には，藤澤が『数学教授法講義筆記』(1900) で述べているような《算術教育においては，小数は度量衡と併せて十分にやり，分数は小数の後に軽く扱えばよい》(pp.196-199の要約) という意図が反映されているとみることができる。

さらに，4-5-3. でみたように，藤澤は，彼の『算術教科書　上巻・下巻』(1896a・b) において，「算術上の分数」と「代数分数」の区別を明確にし，小学算術においては，分割操作から生じる「算術上の分数」だけを扱い，それを「量」の表記ではなく，「小数」同様，「名数」と深く関わる

「数」として捉えさせようとした。代数にもつながる中等教育の算術においては，(和算文化にもあった) 乗除算の結果として生ずる「代数分数」を中心にして展開していこうと，藤澤は考えた。実際，このような教育上の展開の形は，その後数十年の算術教育に定着し決定づけられた。ここに，教育上においても，学問上においても，西洋数学の数量概念に深く関わる分数の「受容」は完成したと言ってよいであろう。

4-7. 当小節のまとめ

4-6-3.(1)で述べたように，学問上における西洋数学の「分数」の受容には，「小数」を含む「名数」を方便として乗除算の結果から生じる分数を基にしてなされる受容と，等分割操作から生じる分数の考えを基調とし「小数」を介在させずになされる受容とがあった。

4-6-3.(2)では，教育上における西洋数学の「分数」の受容の様態を述べた。明治期の算術教育の展開において，和算文化に深く関わる「小数」や「名数」を基調としてなされた受容に基づく展開が，検定教科書のモデルになる等の主流を成していった。一方，等分割操作から生じる分数の考えを基調としてなされた受容に基づく展開は，一時的な流行はみたものの検定教科書からは排除されていき，次第に算術教育の展開の主流から外されていった，とみることができる。

さらに，「小数」や「分数」は単に量を表す表記というだけではなく，それらの表記が使用する人々の数量概念に深く関わるものと考えるならば，次のことが言えよう。

西洋数学の受容により，「小数」を含む「名数」によって統制されていた和算文化に根差していた数量概念は，「小数」を含む「名数」による扱いを基本に据えて，分割操作から生じる分数を基調にした西洋数学の「分数」を捉え，さらに，(和算文化にもあった) 乗除算の結果として生じるものとして「代数分数」を捉えることを通して，従来の「小数」と代数にもつながる「分数」を包括する方向に展開した数量概念へと変容した。

4-7. 当小節のおわりに

本稿では，初等代数学の「数の概念」の内容部分に深く関わる数量概念に

第 5 章　文化的価値からみた中等教育を中心とする数学教育内容の批判的考察

焦点を当て，和算文化で培われた「小数」を基本とする数量概念はどのようなものであったか，数量の捉え方において「分数」を基本とする西洋数学の受容によって日本における数量概念がどのように変容していったのか，を考察した。ただ，日本の数学教育が形をなす時代における算術・代数の「受容」の様態をより明らかにするためには，検討すべき余地はまだ少なからず残されている。数と量との間には，比例の概念等に関して大きな溝があり，比と比例の観点，そして量とその線分表記の観点等からも，さらに検討を加えていかなければならない。

5．比と比例の指導に関する歴史的考察

　「比」は，「比例」に深く関わり，数学の歴史的展開において重要な役割を担ってきた。しかし，今の学校数学は，「比」の取り扱いが非常に軽微である，と言わざるをえない。この現状とこれからの学校数学を考えるとき，「比」と「比例」に関わる学校数学の基盤検討が必要であると考えた。当小節は主にその検討を行ったものである。特に，日本の数学教育が形をなす時代に焦点を当てた。和算文化が根差す日本に，西洋数学が「受容」された。その「受容」に至る過程には，「比」の系譜と「比例式」の系譜があり，日本人独自の日本語の「教科書」編纂の段階において，二つの系譜が融合されることを確認していく。さらに，今の学校数学を通底する，比と比例の指導に関する基盤を明らかにしていきたい。

5-1．「比」の系譜

　「比」は，古代ギリシア以来，近世ヨーロッパに至るまで，分数の代わりとして広く用いられてきたものである。

(1)　ユークリッド『原論』
　ユークリッド『原論』（中村，1971）の第 5 巻の冒頭では，「比」に関して次のような定義が成されている。

　　「比」の定義：比とは同種の 2 つの量の間の大きさに関するある種の関
　　　係である。

「比」の存在：何倍かされて互いに他より大きくなり得る2量は相互に
比をもつといわれる。
「比」の相等；第1の量と第3の量の同数倍が第2の量と第4の量の同
数倍に対して，何倍されようと，同順にとられたとき，それぞれ共に
大きいか，共に等しいか，または共に小さいとき，第1の量は第2の
量に対して第3の量が第4の量に対すると同じ比にあるといわれる。
「比例」の定義；同じ比をもつ2量は比例するといわれる。(p.93)

以上の記述から，次のことが言えよう。ユークリッド『原論』での「比」
は，同種の2量の大きさの関係であり，「比」の相等を基に「比例」が定義
されている。古代ギリシアでの「比」は，同種の量の間だけに存在する関係
であった，と考えられる。

(2) 菊池大麓『初等幾何学教科書』

日本の数学教育が形をなす時代において，ユークリッド『原論』の様式を
とどめた幾何学を採用した，逐語訳ではない教科書，菊池大麓著『初等幾何
学教科書』が，明治20年（1888年）に出版された。この書では，「比」に関
して次のような定義が成されている。（この後明治前後の書の引用が多くな
るが，当小節5ではこれ以降，各書の項目毎の比較を容易にするため，筆者が表記
を現代的に直していることをお断りしておく。）

「比」の定義：一つの量と同じ種類の他の量の比とは，前者と後者と
「何倍であるか」についての関係である。
「比」の存在；同じ種類の量でなければ，比を有しない。
「比」の書き方；AとBとの比を記すには，
  A：B とする。
「比」の相等；二つの量A，B及び他の二つの量P，Qがある。m，n
がどんな完全数（自然数）であっても，mA＞＝＜nBに従って，mP
＞＝＜nQとなるときは，A：BはP：Qに等しいと言う。
「比例」の定義；AとBの比がPとQの比に等しければ，四つの量は
比例を為すと言う。比例は，A：B::P：Qというように記す。

第5章　文化的価値からみた中等教育を中心とする数学教育内容の批判的考察

「比例」に関する定理：二つの量A，Bの比が二つの完全数（自然数）m，nの比に等しければ，nA = mBである。逆に，nA = mBならば，AとBの比はmとnの比に等しい。(pp.234-263)

以上の記述から，次のことが言えよう。この書は，ユークリッド『原論』と同様，「比」は同種の2量の大きさの関係であり，「比」の相等を基に「比例」を定義している。比例式の記号と比例式の変形につながる定理も示している。

5-2.「比例式」の系譜

2．でみてきた「比」の系譜は，「比」の定義を基に「比例」を定義し，主に幾何学上における，「比例」論の展開である。これに対し，実用算術上の「比例」の扱いは，幾何学上の「比」の定義とは関わらない，「比例」の問題解法の展開である。この比例による解法は，西洋では「三数法」と呼ばれ，和算においては，「異乗同除」と呼ばれていた。比例解法として「異乗同除」をもつ和算文化の日本が，西洋数学の「三数法」をどのように取り入れたのか，次の二つの書，『洋算用法』，『筆算訓蒙』を中心にみていく。

(1) 柳河春三『洋算用法』

わが国で最初の西洋数学書である，福田理軒著『西算速知』と柳河春三著『洋算用法』は共に，幕末の1857年に出版された。『西算速知』は四則の計算で終わっているのに対し，『洋算用法』は，比例式解法にまで及んでいる。『洋算用法』は，この比例式解法を「三率比例法」と言い，例を挙げながら丁寧に，この解法を説明している。「三率比例法（俗に言う相場割）」の最初の説明部分を次に引用する。

> 三率比例の法は，ここに異乗同除と言うものに等しく，諸物の軽重大小，彼れ此れの比較差分，価銀の高い低い，貿易（うりかい）の損益を知る術であり，皆これに基づかないものはない。（略）吾人が今設けた問題は僅かかもしれないが，比例の定則を弁じて，乗除の要とするところを洩らすことがなければ，この例にさえ通じれば，他の諸々の会計，

193

自ずと成し得るのである。その上，並べた証例も旧来の算書に雷同しないで，いささか洋学の士に役立てればと願っただけである。（青木他編，1979, pp.230-231）

これに続いて，「三率比例法」を具体的に，次のように説明している。

　　これを三率比例法と名付け，また異乗同除とも称するのは，元から定まっている価銀と，今問うところの物の数とを掛け合わせ（これを二率・三率と名付ける。即ち，価と物とを掛け合わせるのは，互いに異物であるために，異乗と言うのである），元々定まっていた価に当たるほどの物の数で，これを割れば，今問うている物の価を得て（物の数を三率とし，価を四率とする。同類相除は即ちこれである），また，これに反して若干の価に当たる物の数が幾らと問うときは，元から定まっている物の数（二率）と今新たに設けた価（三率）とを掛け合わせ（異乗），元の数の定価をもって（一率として），これを割れば（同除），即ち問うところの物の数を知ることができる。凡その普通の算法は，開平・開立を除く外は，概ねこの三率比例の術だけである。（青木他編，1979, pp.231-232）

ここでは，「三率比例法」を具体的に説明した後，算術の範囲で問題を解くには，加・減・乗・除と三数法だけで十分である，と主張している。確かに，柳河は『洋算用法』において，洋算の四則計算を和算表現も使いながら展開した後，この四則計算を「三率比例法」という比例式解法によって完結させているとみることができる。

(2) 塚本明毅『筆算訓蒙』

わが国で初めて編集された筆算書，塚本明毅著『筆算訓蒙』は，明治2年（1869年）に出版された。本書は，単なる翻訳書ではなく，わが国の実情をも考慮して撰述されている。その第三巻で，比例についての総論，次いで，正比例・反比例その他各種の比例が取り扱われている。

そこで，加減相当数を称して「数理率」とし，図9を示し説明している。これは現在の「移項」に当たるものである。

また，乗除相当数を称して「幾何率」とし，図10を示し説明している。現在の比例式の扱いに当たるものである。

さらに，図11を示し，未知数をxとし，比例式に関わる方程式を説明している。

「正比例」の説明の中での第一例として，次のような問題を出している。

> 米三十五石で，その価金が二百八十両である時は，米百五十石の価は幾らであるか。（塚本，1869，p.185）

そして，次のような解法を示している。

$35^{石} : 280^{両} :: 150^{石} : x^{両}$

又

$35^{石} : 150^{石} :: 280^{両} : x^{両}$

$x = \dfrac{150 \times 280}{35} = 1200^{両}$ （塚本，1869，p.186）

率	理	数
$21 - 9 = 25 - 13$		
変		
之		
$21 + 13 = 25 + 9$		

図9（再掲）

率	何	幾
$\dfrac{18}{6} = \dfrac{12}{4}$		
又		
$18 : 6 = 12 : 4$		
変		
之		
$18 \times 4 = 12 \times 6$		

図10（再掲）

$4 : 12 :: 7 : x$
$4x = 12 \times 7$
$x = \dfrac{12 \times 7}{4} = 21$

図11（再掲）

以上，幕末の洋算書と明治初めの筆算書をみてきた。この両書とも「比例式」による解法としては粗同一のものとみることができる。また，両書とも「比」については触れられていない。「比例式」とその解法だけを説明している。比の記号：は使っているが，「$35^{石} : 280^{両}$」にみるように，「$35^{石}$」と「$280^{両}$」は，互いに異種の量である。これらは，「比例式」の中の各項に過ぎないものであり，「比」とは異なる。さらに，「$35^{石} : 150^{石} :: 280^{両} : x^{両}$」を示しているが，このようにしても結果は変わらないと言っているだけであって，そのようにできる理由については触れられていない。

5-3.「比」と「比例式」，二つの系譜の融合

明治5年（1872）の学制頒布後，洋算の採用によって，わが国は西洋数学の「受容」に向かっていく。和算表現から洋算表現への「変換」の段階から，西洋数学原書から日本語への「翻訳」の段階を経て，日本人独自の日本語の「教科書」編纂の段階へと至る。西洋数学，特に，算術・初等代数学の「受容」過程において，日本人独自の日本語の「教科書」編纂の段階に至るところを，次にみていく。

(1) 寺尾の算術教科書

この段階の最初の算術教科書の一つとして，フランスの数学を基調して編纂され，理論流儀算術の，寺尾寿『中等教育算術教科書　上・下』(1888a・b) を取り上げる。下巻 (1888b) では，「比」に関して，次のような定義が成されている。

　　「比」の定義；或る種類の量Aの同じ種類の或る他の量Bに対しての比とは，後の量Bを単位とするとき始めの量Aを表すべき数のことである。
　　「比」の意味；掛け算の定義より，或る量Aの同じ種類の或る他の量Bに対しての比は，即ち，始めの量を得るために後の量に掛けるべき数のことである。
　　「比」の書き方；AのBに対しての比は，$\frac{A}{B}$ 若しくは $A:B$ と書き表すものとする。
　　「比」の例示；例えば，Aという長さがBという長さの七分の三に等しいときは，AのBに対しての比は $\frac{3}{7}$ である。$\frac{5}{7}$ という分数は，5を7で割ったものに等しいから，即ち5の7に対しての比である。
　　「比例」の定義；或る二つの比が互いに相等しいことを言い表す所の等式を比例式と名付ける。比例式を略して比例とも言う。四つの数があって，第一の数の第二の数に対しての比が，第三の数の第四の数に対しての比に等しいときは，この四つの数を比例式に適応する数と言う。例えば，$\frac{8}{6} = \frac{4}{3}$ が，一つの比例式，或いは，比例である。
　　「比例式」の関連事項；比例式の左辺にある比の上項と，その右辺にあ

る比の下項とを称して，この比例式の外項，或いは，外率と言い，左辺にある比の下項と右辺にある比の上項とを称して，この比例式の中項，或いは，中率と言う。この外項，中項と言う名は，昔は，比例式を前の様には書かず，8：6∷4：3 と書いたことから来ている。（pp.95-111）

以上の記述から，「比」は分数で表すことができるとし，「比例式」も分数による表示にすることによって，「比」や「比例」の扱い全てを，分数の扱いに帰着させようとした，寺尾の意図を読み取ることができる。

(2) 藤澤の算術教科書

次に，この理論流儀の算術を批判し，独自に編纂された藤澤利喜太郎『算術教科書　上巻・下巻』（1896a・b）を取り上げる。下巻（1896b）では，「比」に関して，次のような定義が成されている。

甲数の乙数に対する「比」の定義；甲数は乙数の幾倍であるかという意における甲数と乙数との関係。
「比」と割り算の商・分数との相違；（割り算の商及び分数は，何れも一つの数であるが，）比は，二つの数の間の関係であって，一つの数ではない。
甲数の乙数に対する「比の値」の定義；甲数を乙数で割って得られる商のこと。
「比」の書き方；甲数の乙数に対する比を書き表すには，甲数の右に：という符号を書き，その右に乙数を書くものとする。
「項」；比を組織する二つの数。「前項」；比の符号の左にある数。「後項」；右にある数。
「前項」と「後項」と「比の値」との関係；比の値（商）＝前項÷後項，
　　前項（被除数）＝後項×比の値，
　　後項（除数）＝前項÷比の値。
「名数」の「比」；名数は同名のものに限り，その比を問うことができる。例えば，7日の13日に対する比のように，である。7日の13日に

197

対する比は，7に対する13に対する比に等しく，その値は$\frac{7}{13}$である。同種類の名数は，単位を異にするものにあっても尚，その比を問うことができる。例えば，7日と13時に対する比を問うことは不都合ではない。しかしながら，その比の値を求めるには，まずこれを同名数に直すことが必要である。すなわち，7日を時に直して168時とし，168時の13時に対する比に等しく，その値は$\frac{168}{13}$である。同種類の名数は常にこれを同名数に直すことができる。同名数の比はその名を削除して得られる不名数の比に等しい。比の両項が，不名数，名数に拘わらず，全ての場合において，比の値は不名数である。

「比例」の定義；値が等しい二つの比を相等しいと置いたものを比例と名付ける。例えば，24：3＝16：2は，比例である。そうして，比例における四つの数の間には比例が成り立つ，或いは，四つの数は比例を成す，と言い，四つの数を比例の項と称する。比例を比例式と称することがある。

「比例」の書き方；

第一項：第二項＝第三項：第四項

「比例」の関連事項；比例を書くには，ある時は＝の代わりに：：を用いることがある。例えば，24：3：：16：2のように，である。

「名数」の「比例」；比という関係は，二つの不名数，又は，二つの同名数，若しくは，つまり同名数に直すことができる二つの同種類の名数に限って存在するものである。そのために，比例における第一項と第二項と，又，第三項と第四項とは，不名数でなければ，すなわち，同名数，若しくは，同種類の名数でなければならない。（略）2人：3人＝10圓：15圓，において二つの内項を交換して，2人：10圓＝3人：15圓，とするときは，二つの比は全く無意味なものとなる。更に一例を挙げると，3反：7反＝24圓：x，という比例において，xは少なくとも圓という名数でなければならない。よって，xを求めるために，二つの内項を掛け合わせようとしても，名数に名数を掛けることはできない。7反に24圓を掛けるというようなことは，全く意味のないことである。だから，どのようにすればxを求めることができるのかを問うと，3反の7反に対する比は，3の7に対する比に等しい

から，上の比例の中において，便宜に，3反：7反の代わりに3：7を置くことができる。そうすると，3：7＝24圓：x，すなわち，x＝$\frac{7 \times 24}{3}$圓＝56圓，となり，これを答えとする。(pp.1-27)

以上の記述から，次のことが言えよう。藤澤は，「比」は二つの数，或いは，二つの同名の名数の間の関係であるとし，一つの数で表される「比の値」と明確に区別をした。「比」の相等を表す「比例式」と「比例」は同等のものとし，「比例式」の中に使われる「比」についても，異名の名数の比は認めなかった。「比例式」の解法においては，「名数」の「比」を「数」の「比」に置き換えることができるとし，「名数」の「比例式」解法を「数」の「比例式」解法と同様のものとした。

5-4．比例問題解法に関する考察

5-3．でみてきたように，寺尾と藤澤は共に，「比例式」を同種の量の「比」の相等の関係とした点で，「比」の系譜と「比例式」の系譜を融合した，と言えよう。しかし，両者の「比」の捉え方は，一つの数か，二つの名数の関係か，というように，相違するものである。このことが，比例問題解法に対する考え方の違いにつながっている。この考え方の違いをみるため，両者がそれぞれに著した書，寺尾寿・藤澤了祐共著『理論応用　算術講義』(1917)と藤澤利喜太郎著『数学教授法講義筆記』(1900b)から，関係箇所を次に引用する。

(1) 寺尾寿・藤野了祐共著『理論応用　算術講義』

【例1】　米3斗5升の価が5円25銭であるとき，米1石2斗の価はいくらか。

［第一解］　3斗5升即ち35升は1升の35倍である。故に，5円25銭即ち525銭は，また米1升の価の35倍である。よって，米1升の価は，525銭÷35＝15銭　である。

次に1石2斗即ち120升は1升の120倍である。故に，米120升の価はまた，米1升の価の120倍である。よって，米120升の価は，

15銭×120＝1800銭＝<u>18円</u>　である。

　［第二解］　35升の価は……………………525銭

故に，1升の価は，その35分の1……$\frac{525}{35}$銭

よって，120升の価はその120倍……$\frac{525\times120}{35}$銭＝1800銭＝<u>18円</u>

　［第三解］　米の価は，その枡目に比例する。さて，120升は35升の$\frac{120}{35}$である。故に，米120升の価はまた，米35升の価の$\frac{120}{35}$である。よって，所要の価は，$5^{円}.25\times\frac{120}{35}=$<u>18円</u>

である。

　［第四解］　米の価は，その枡目に比例する。よって，求める価をx円とすれば，次の比例式を得る。

$$35升：120升 = 5^{円}.25 : x円$$

∴ $x=\frac{120\times5.25}{35}=18$　　答18円　（pp.481-482）

　普通教育において，比例問題の解法を授けるに当たっては，著者は第三解を主として第四解を従とすることを最適当と信じるものである。この第三解は，日常必須である比例の概念を最も簡明に表したものであって，実用上よく起こる簡易な比例問題を解くのに適する至便な方法であるだけではなく，第四解は第三解に比べより高尚な思想を要するので第三解に十分熟達した後において学ぶべき解法であるからである。（p.483）

(2)　藤澤利喜太郎著『数学教授法講義筆記』

　比例を解くのに守株の方法がある。今，或る品物8個の価が3円であるときは，同じ品物5個の価はいくらか，という問題を解くときに直ちにxを書いて$x=3\times\frac{5}{8}$と，このように書いて計算する。又，別にこの書物にあるように最初比例式を書いて，$8:5=3:x$とし，これから内項の積は外項の積に等しいと言うことを利用して，$x=\frac{5\times3}{8}$とす

る。つまり，その解法の差はやはり，比と言うものの解釈の違いから出て来るので，前の仕方は徹頭徹尾，比を比の値の意味でやってしまうのである。即ち，比を商と同一の意味でやれば始めの様でよいが，それでは一向に比の甘味が無くなる。後に言った方は，恰も我々が比を見つめて前項の中に後項が幾つあるかを考えるときの様に比例するという事実そのものをそっくりその所に表している。それからこの比例式から計算に移るには考えの上から言うと余程離れている。故に，その間をつまり飛び越えていくことになるであろう。（略）この飛び越えるところが比例の特色であって，又，甘味のある所で，この所の頭を使わずに器械的にやるのが即ち簡便法の本色と言える所である。(pp.218-219)

実は，比例解法の利は単比例よりも複比例の方がよくわかる。(p.220)

5-5．当小節のまとめ
ここまでにみてきたことから，次のことが言えよう。

日本の数学教育が形をなす時代，ユークリッド幾何学の導入に伴い，古代ギリシア由来の「比」が取り入れられた。この「比」は同種の量だけに成立するものである。

一方，西洋数学の輸入が始まった幕末や洋算採用が決まった明治初め，算術や初等代数学の領域において，実用算術由来の「比例式」が取り入れられた。これは，比の形はしているが，その各項は異種・同種に関わらないものであった。また，この「比例式」による解法は，和算にあった「異乗同除」を洋算にあった「比例式」を用いる「三数法」に変換することによって，取り入れられた。この「比例式」解法は，和算の名数の扱い（度量衡計算）ともよく結びつき，算術において盛んに活用されていくことになった。

その後，日本の数学教育が形をなす時代が進むに従い，先の「比例式」解法が，中等教育の幾何学や代数学にもつながるようにする必要が生まれた。日本人独自の日本語の「教科書」編纂の段階になって，それまでの「比例式」の比の形にある項を，古代ギリシア由来の「比」として考えることにより，「比例式」の「比」を幾何学や代数学にもつながる「比例」に結び付け

ることができた。「比」の系譜と「比例式」の系譜は融合され，比例問題の解法やその学習には多種多様な考え方が適用できるようにもなった。ここに，今の学校数学を通底する，比と比例の指導に関する基盤が形成された，と考えられる。

　寺尾と藤澤は，その基盤に立ってもなお，「比」に対する考え方を異にすることから，「比例」問題解法の学校数学への位置付けについても異なる意見をそれぞれに展開していたことは，前小節5-4．においてみてきた通りである。

　「比」の扱いが非常に軽微になっている，現在の学校数学においてこそ，比と比例の指導に関する基盤を踏まえた上での，寺尾や藤澤の行ったような検討が何より必要である，と考える。

第3節　解析基礎分野の「受容」と現行の学校数学

要　約

　藤澤『算術條目及教授法』(1895)は，「初等数学」として，「算術」，「代数」，「幾何」，「三角法」の4科目を挙げている。菊池と藤澤の中等教育におけるカリキュラム構想は，1902年の「中学校教授要目」に具体化された。その「中学校教授要目」において，第5学年の「三角法」は，「代数」と「幾何」とが乗り入れる重要な役割を担っていた。

　現在，「三角法」に関わる単元としては，数学Ⅰ「三角比」，数学Ⅱ「三角関数」があり，「対数」に関わる単元としては，数学Ⅱ「指数関数・対数関数」がある。教科書の巻末には一応，「三角比の表」，「三角関数表」，「対数表」が載せられているものの，それらの表の扱われ方は非常に軽いものであり，表の使用が極力避けられていると言ってよいほどである。現行の高校数学の「表」の扱いだけをみても，現行の教育内容が「三角法」，「対数」に関わる教材の意義を捉え伝えるものになっていないのではないかという懸念を抱かせる。

　今後，「三角法」，「対数」に関わる現行の高校数学教育内容の展開の仕方を，その教材の発生的要素や教材の本質的な意義を重視する方向で，見直し

第5章　文化的価値からみた中等教育を中心とする数学教育内容の批判的考察

検討していかなければならないと考える。

1．ユークリッド幾何学の受容

　前節において，日本の数学教育が形をなす時代の「算術」と「代数」の概要をみてきた。この節では，この時代の「幾何分野における西洋数学の受容」について考察を進めていく。まず，これに関する佐藤英二（2006, pp. 51-63, pp.257-260）の記述を，次にまとめておきたい。

　中等学校の数学教育は，「学制」発布（1873）後，和算の教養を備えた教育者と，欧米の教科書やその翻訳書に支えられ，出発した。1880年代終わりに，大学の数学者によって，逐語訳ではない教科書が出版された。菊池大麓『初等幾何学教科書』（1888）と寺尾寿『中等教育算術教科書』（1888a・1888b）である。この2つの教科書の特徴的な事項を挙げておく。

　菊池大麓『初等幾何学教科書』（1888）は，
・イギリスの「幾何学教授改良協会」のシラバスを範とした。
・ユークリッド『原論』の様式をとどめた幾何学を採用した。
・「代数」を積極的に活用するルジャンドル流（フランス）の幾何に対抗した。

　寺尾寿『中等教育算術教科書』（1888a・1888b）は，
・フランスのリセの教授要目に準拠した教科書を参照した。
・初等整数論の証明の理解を介した精神陶冶に価値を置いていた。
・問題を解くことを重視した和算に由来する算術教育（「三千題流」）に対抗していた。

　この2つの教科書はいずれも
・ベルリン大学を中心とする新人文主義の伝統に立っていた。
・日本人の思考と言語を精密化する啓蒙的役割を担っていた。
・和算に対する批判意識から公理・定理・証明という演繹的スタイルで出版された。

　幕末以来軍事技術の基礎学とされてきた西洋数学は，実用性とは異なる形式陶冶の役割を与えられて，中等教育の一角を占めることになった。

　菊池が帰朝した1877年には，平行線公準をとらず，平行線を同じ方向を持

203

つ直線と規定したH・ロビンソン（Horatio Robinson）の幾何学教科書が流行していた。菊池が『幾何学講義　第一巻』を出した1897年には，『ウィルソン平面幾何学』（James Wilson／真野肇訳，1887年）など，記号を導入したルジャンドル流の幾何学が紹介されていた。また，代数の領域でもグラフの導入により，代数の側から幾何学に接近していたH・ボッス（Henri Bos）の『中等教育代数学』（千本福隆・桜井房記訳，1889-91）が知られていた。（また，この頃1880年代は，アメリカ，イギリス，フランス，ドイツなどの国々の数学の流入が相次ぎ，いずれを主とするかが定まらなかった時期でもある。）

菊池は，『初等幾何学教科書　平面幾何学・立体幾何学』（1888・1889）を通して日本にユークリッド流の幾何学を導入し，中等教育における論証幾何の定着を決定付けた。この書とともに，一般普遍的で論理的な思考能力を身に付けることこそが数学教育の目的であるとする教育思想を普及させた。

菊池は，幾何学教育の意義として，「吾人の生存する空間の性質」を与えることと，「演繹的推理法」を「練習」すること（「推理力の練磨」）の2つを挙げている。菊池は，彼が学んだイギリスでの経験から，特に後者，すなわち精密な思考の陶冶の面を強調した。菊池は，記号の導入を避け，無理量に関する比例論を扱ったユークリッド流の幾何学を採用した。

菊池は，このように数学教育の目的を形式陶冶に置き，記号と演算の使用を避けたユークリッド流の幾何学を採用したのであるが，その判断の背景には，次の2つの意図が含まれていた。

・幾何学的対象に関する人工言語を音読させる教育方法によって，言文一致文体を持たなかった日本人の厳密な思考の鍛錬を施すこと。
・定義によって幾何学的対象に与えられた意味とは無関係に成り立つ代数演算の使用を禁じることによって，形式的演算に長じていた和算の文化を矯正すること。

（ここには西洋化による日本の国際的地位の確立という国民国家への志向が存在していたと考えられる。）そして，菊池は，論理的思考力の形成のため，演繹的な理論体系としての「幾何」と記号操作を主体とする「代数」の分離を図った。「幾何」に代数記号の使用を避けた理由は，主には次の2つである。

① 「言文一致」の意図
・文語と口語の分裂があり，特に口語は幾何学の表現としては誤解を生

じやすい。
・文語調の表現による幾何学表現の文体を新しく作ろうとした。
② 日本の数学文化の改革の意図
・日本の伝統には何より「純正推理法」が欠けている。

代数の形式性を前提とした場合，幾何学上の記号に対し，幾何学的な「意味」と無関係に成り立つ「代数学上の法則」（交換・結合・分配法則）を適用することは，その「意味」を喪失させ，ひいては推理力の練磨という幾何教育の意義を損なう恐れがあると考えたのである。（代数学の形式性の重視は，その後，藤澤利喜太郎によって「形式不易の大原則」として定式化された。）

以上が，ユークリッド幾何学の日本への導入に関わる佐藤英二（2006, pp.51-55, pp.257-260）の捉え方である。これを押さえながら，本論の流れに照らして考えると，次のように言うことができる。

菊池は，当時のイギリスの数学文化に大きな影響を受け，帰国してから，ユークリッド幾何学を採用し，それを日本への移植することに努めた。その際，日本人の表現様式にある非論理性を矯正するため，代数記号を使わず幾何を表現することを通して，言文一致文体の創造を図った。さらに，純粋推理力の欠如した日本人の和算文化を矯正するため，論証を導入することを通して，日本人の思考様式の改革を図った。それらが，『初等幾何学教科書 平面幾何学・立体幾何学』（1888・1889）という形として結実した。ここにおいて，ユークリッド幾何学は「受容」され，それが後の中等学校における「幾何学」の基盤になったものと考えられる。（菊池は，古代ギリシアに由来する論証の精神の文化的価値を認め，それを導入し教育に位置付けた点で，日本の数学文化に重要な貢献をしたと評価できる。）

2．「幾何学の受容」のその後

ここでは，菊池の幾何学教育思想は，その後，教科書の執筆者と教育実践者にどのように理解され受容されたのかをみていきたい。これに関する佐藤英二（2006, pp.63-69）の記述を，次にまとめておく。

菊池の幾何学教科書は広く受け入れられ，教科書のスタイルを決定した。1890年代後半には，数は少ないが，菊池の教科書に批判的で記号を用いた教科書も現われていた。幾何学教科書への代数的要素の導入は，その後の趨勢

となった。1907年の調査によると，菊池の幾何学教科書が最大のシェアを保ってはいたものの，第2位から第4位までの教科書は全て記号を用いており，初等幾何学における「代数」と「幾何」の分離という菊池の方針は，記号使用の有無ということに関しては，教科書執筆者の支持を失っていたといってよい。また，比例論の扱い方などにおいて，菊池の規範性が薄れていった部分もある。これに対し，幾何学的概念の「意味」を重視した菊池の幾何教育の思想はその後も生き続けた。このように，菊池の教育思想は極めて選択的に受容され，幾何学教科書に代数的要素が導入された後も，レトリックの教科としての幾何学の性格は変わらなかった。

　一方，「幾何」と「代数」の分離という菊池の教育思想は，1910年代半ばには，数学教師の論議の的になった。「代数」「幾何」「三角法」の「連絡」を密にすることの提案があったり，その提案に対して，「代数」「幾何」「三角法」は解き方と教育目的の面で違いがあると異議を唱える者が現れたりした。分科の意義を唱える者においては，その後次第に，「三角の力」「幾何の力」「思想を練る」ことが，自分の思想を厳密に語るという菊池が保持していた実践的な意味を失っていき，数学の問題が解けるかどうかを示す指標（抽象的な能力）に変質していくことになる。分科の連絡の賛同者においては，問題解決の効率性を論拠とし，「時間の経済」などの効率性の観点から「各分科の連絡」を考えていった。彼らにとって，菊池が考慮したような総合幾何学と計量幾何学との形成史の違いは，価値を失っていったのである。

　菊池が重視した「推理力」は，抽象的な能力へと転化し，数学教科書の内容から歴史と著者が消えていったのである。1920年代の数学教育改造運動においては，菊池の教育思想は「幾何」と「代数」の統合を阻んだ思想として批判された。その後，数学教育の内容の選択基準が，歴史的遺産としての価値とそれの共有による普遍的文化への参加の可能性から，学習の難易度に関する心理学研究に移行していったのである。（こうして，古典の地位ではなく，効率性の原理と心理学の知見に基づいて教科書の内容が配列される時代が到来することになった。）

　以上が，「幾何学の受容」のその後に関わる佐藤英二（2006，pp.63-69）の捉え方である。この最後に述べられている部分について，わが国現在の数学教育に対して，次のことが指摘できる。菊池が重視した「推理力」が日本に

導入された歴史的文脈の検討を経ないままに現在に至っているのではないかという点である。

3．明治の「初等数学」と幾何分野，その後の解析基礎分野の状況

　藤澤（1895）は，「初等数学」として，「算術」，「代数」，「幾何」，「三角法」の4科目を挙げている。菊池と藤澤の中等教育におけるカリキュラム構想は，1902年の「中学校教授要目」に具体化された。その「中学校教授要目」において，第5学年の「三角法」は，「代数」と「幾何」とが乗り入れる重要な役割を担っていた。

　明治初期の幾何分野の状況は次のようなものであった。

　『師範大学講座　数学教育5　数学教育各論　中学校編　幾何・三角法編，新宮恒次郎著，年不明（19--），pp.34-37』によると，明治5年（1872）に学制が頒布され，下等小学の教科には算術があり，上等小学にはその他に幾何学，罫画大意，記簿法，天球学等があった。明治8年に頒布された小学校教授細目即ち小学教則をみると，次のような案になっている。上等小学第5級の幾何では測地略幾何学の部を用いて正形の類を授け，罫画では机案の類を描かせる。第4級の幾何では諸線，角度，三角形の類を授け，罫画では西画指南等を用い平面，直線体の類を描かせる。第3級の幾何では円形，多角平面系の類を授け，罫画では平面直線体に陰影があるものを描かせる。第2級の幾何では諸形比較等を授け，罫画では弧，線体を描かせる。第1級の幾何では実用法を授け，罫画では地図その他種々の図を描かせる。そしてこれを卒業し大試業を経て中学校に入るとある。

　そのかなり後になるが，「高等学校令」（1918）によって，高等学校高等科の入学要件が中学校4年生修了時点に引き下げられた。それによって，第5学年の「三角法」が，「代数」と「幾何」とが乗り入れる重要な役割を骨抜きにされ，カリキュラムを統合する理念が失われたとみられる。そこで，「三角法」に代わるカリキュラム統合の軸として，工業学校関係者によって「微積分」が提案されるが，それが中等学校一般のカリキュラムに導入されたのは戦時期においてであった。その辺りの経緯の一端について，関係する佐藤英二（2006，pp.198-210）の記述を，次にまとめておく。

　工業学校への微積分の導入を最初に主張した人は，梶島二郎である。1910

年代初め,東京高等工業学校教授であった梶島は,工業学校の数学教育改革をリードしていた。

梶島が導入を求めた分野としては,
　〈従来の分科の枠内において〉(「算術」・「代数」には)近似数・近似式
　　　　　　　　　　　(「代数」には)対数・対数表,計算尺,級数,グラフなど,
　〈従来の分科の枠を超えた領域として〉「微積分学」であった。

また,彼は,(「算術」から)方程式を使えば容易に解けるような複雑な四則問題,(「代数」から)煩雑な形式の因数分解,代数式の最大公約数・最小公倍数,複雑な連立方程式などの削除ないし軽減を主張した。併せて,彼が解体を主張した分科として「三角法」があった。「三角法」を「幾何」の中に組み入れてしまい,分科としてはなくすことを提案した。そして,従来の「三角法」に代わって微積分を加えるだけではなく,それをカリキュラムの最終目標に据えることによって,カリキュラムを再統合する指針を与えていた。「代数」の後に微積分を接続することを考えたが,そのためには当時のカリキュラム上に解決すべき点があった。当時高等学校や高等専門学校のカリキュラムでは,微積分の前に解析幾何学が置かれていた。当時の高等学校などの解析幾何学は,微積分の導入であっただけではなく,射影幾何学の導入の意味も併せ持っていた。菊池の"Analytical Geometry"(1912)を見ると,斜方座標系,座標変換,さらには虚点にも言及する難解なものである。微積分において,微分係数を接線の傾きとして意味付け,定積分を領域の面積として意味付けるためには,微積分の前に関数のグラフが導入されていなければならない。梶島は,「代数」の後に微積分を接続するために,解析幾何学から射影幾何学へという菊池における学問の系列を切り離し,解析幾何学を微積分の準備としてのグラフに変えることを構想した。

その後,微積分は『中等教育　高等数学』(工業教育振興会,1931)に盛り込まれたが,「三角法」の解体という梶島の構想は実現しなかった。重点が数値計算に移された『中等教育　三角法教科書』(工業教育振興会,1934)も編纂された。従来の「三角法」の内容は,「算術」と「平面幾何」の教科書でも扱われた。「三角法」に関する梶島の主張は部分的に受け入れられたといえる。一方,『中等教育　高等数学』で扱われた内容は,極限,微分係

数，合成関数の微分法，陰関数の微分法，極大・極小，超越関数の微分法，定積分，不定積分，置換積分，部分積分，回転体の体積，曲線の長さ，微分方程式などであり，現在の高等学校の「数学Ⅲ」で取り扱われる内容と殆ど同様のものである。微分の準備であるグラフは，「算術」と「代数」で頻繁に扱われた上で，『中等教育　高等数学』の「解析幾何学」の篇で本格的に扱われていることになった。菊池の"Analytical Geometry"にあった斜方座標系，座標変換，虚点などは扱われていない。工業学校における解析幾何学は，微積分の導入の準備として位置付けられた。工業高校の数学を微積分に向けて統合するという梶島のプログラムは，ほぼ取り入れられたとみてよい。近似式・計算尺・微積分の導入など，梶島の先駆的提案は，1920年代の数学教育改造運動における産業主義の台頭により，改造運動の実験場としての工業高校の機能を生み，小倉金之助らの活動を介して，中等教育の教師に浸透し，戦時期に至って中等教育一般に波及していった。（佐藤英二，2006，pp.198-210）

4．「三角法」「対数」に関わる現行の高校数学教育内容

　これまで，「三角法」，「対数」の発生と展開，そしてそれらの「受容」過程についての概略をみてきた。この視点を持って，「三角法」，「対数」に関わる現行の高校数学教育内容をみていきたい。

　「三角法」に関わる単元としては，数学Ⅰ「三角比」，数学Ⅱ「三角関数」があり，「対数」に関わる単元としては，数学Ⅱ「指数関数・対数関数」がある。教科書の巻末には一応，「三角比の表」，「三角関数表」，「対数表」が載せられているものの，それらの表の扱われ方は非常に軽いものであり，表の使用が極力避けられていると言ってよいほどである。これまでにみてきたように，「三角法」も「対数」もその発生と展開においては「表」は重要な意味を持っていた。和算に取り入れられたものは「八線表」や「八線対数表」等の「表」であったし，明治に受容された「対数」を用いる「三角法」においても「三角函数表」や「三角函数の対数表」等の「表」は切っても切り離せない重要なものであった。現行の高校数学の「表」の扱いだけをみても，現行の教育内容が「三角法」，「対数」に関わる教材の意義を捉え伝えるものになっていないのではないかという懸念を抱かせる。

209

そして，歴史的には「三角函数」の展開と「対数」の発生とは関係があり，明治に受容された「三角法」は「対数」を用いる方法でであったが，現行の教育内容においては，「三角関数」と「対数関数」は切り離されている。このことは現行の教育内容の「表」の軽視が起因していることも考えられる。

　さらに，数学史の上では，分数「指数」の出現の前に，「対数表」が生まれているが，現行の教育内容においては逆で，「指数関数」→「対数関数」の順に展開されている。

　全国数学教育学会第21回研究発表会における「対数表を使わせる授業の提案」（板垣，2005）の発表に注目したい。その発表資料には次のように述べられている。

　　対数イメージを豊かに形成するために，乗除算について対数表を使うことから始める指導課程を具体化したいと，数年前から思っていた。
　　理由の一つは，現在の方式は，有機的に知識を形成するようになっていないと考えるからである。そこでは，
　　指数法則 → 指数の拡張 → 指数関数 → 対数関数 → 常用対数
の順序にこれらを導入している。
　　対数表は，まさしく，取って付けたように，最後に解説される。
　　数学史の順番では，対数表は，算術計算に係わって発明された。分数指数が使われるより前に，また，指数関数を対象とする数学の問題が研究される前に，対数表が生まれている。
　　算数科の算術計算との素朴な係わり様が，現行の教育内容の，指数の拡張，指数関数，指数関数のグラフに見出せないことは，数学の歴史から教えられ，学ぶことができる。
　　対数表を逆に引けば，表はいわば，10を底とする「指数」関数の数表である。対数表をそう見て，対数の値が分数の場合を考えて，分数指数の考えに至る。さらに，計算での対数表の働きのところを，表を特徴付けるグローバルな性格とみれば，それが指数法則である。
　　「対数」を先に学ぶ学習では，分数指数とか，指数法則という言葉は無用で，指数は，「指数」に累乗記号を流用するときに使う用語という

第5章　文化的価値からみた中等教育を中心とする数学教育内容の批判的考察

ことになる。(pp.1-2)

　対数が，対数の上位概念の「関数」を基に語られたり，三角比のサインが，いきなり，サイン関数で語られたりする授業課程は，天下りというより，抽象の神下りで，まずいと思う。

　三角形について三角比を学んで，その学習内容を引き継いで，三角関数を学ぶ，伝統のそれが，語りの順序というものだ。三角比の表は，三角関数を学ぶ前に，使われるものとしてある。

　対数を，対数関数から神下りに「定義」しない授業の語り口を求めて，開発したのが，対数表を使う作業から始める授業である。(p.6)

　対数表を使う計算で，真数の他に，かつて，標数，仮数という用語も使われた。そういう語があるということは，計算で，それらの語が意味することを学ばされたということである。その学びの内容は，現行課程に吸収されているのではなく，現行では，学ぶものとされなくなっているのだ。(p.8)

　数学離れの要因は，数学教科が内包している，と教科教育に携わるわれわれは考えて，改革に向かわればと思っているからです。(p.10)

　「数表」を使わせる計算は，生徒の活動に合わせた授業案を考えさせ，授業では，見本の計算に神経を使い，汗を流す。このことからも，「対数表を使わせる授業」のよさが，よい方に測られると思う。(p.10)

　上に述べられていることから，現行の高校数学の教育内容に対する鋭い指摘と改善の可能性の示唆を読み取ることができる。今後，［三角法］，「対数」に関わる現行の高校数学教育内容の展開の仕方を，その教材の発生的要素や教材の本質的な意義を重視する方向で，見直し検討していかなければならないと考える。

5．本節のおわりに

　本節において，解析基礎分野における西洋数学としての「三角法」と「対数」の受容を主な対象として，「幾何」の受容等にも触れながら，これらの受容の様態について考察し，学校数学の今日的問題への関連性についても迫った。確かに「対数」を用いる「三角法」の「受容」は確認できた。しか

し,「対数」の「受容」については，代数学の数概念に関わる内容の「受容」との関係からも，その「受容」の様態については，さらに検討を加えていく必要がある。「対数」を含む「代数学」の「受容」の様態を明らかにし，学校数学の今日的問題への関連性について考察を進めることは今後の課題としたい。

第6章　研究のまとめと今後の課題

第1節　研究のまとめ

要　約

　藤澤利喜太郎の算術及び初等代数学は，和算という日本の文化的地盤を考慮して，その中に西洋数学を取り込んでいる，即ち，西洋数学を「受容」しているものであった。菊池は，古代ギリシアに由来する論証の精神の文化的価値を認め，それを導入し教育に位置付けた。その上に，三角法・解析幾何学・微積分が受容されたものと考えられる。

　明治中期に至っては，西洋数学，少なくとも算術・代数学に関わるものは日本の文化的基盤の中に「受容」された。日本小数文化圏において，完全な10進法を基盤とし，10進法を主とする度量衡を表す名数を方便として，西洋の分数をも含む量概念は「受容」された。算術には「数え主義」を，それにつながる代数学には「形式不易の原理」をしっかりと据えることにより，算術・代数学の「受容」は明治30年（1897）頃に成された。この「受容」が現在の学校数学を通底する基盤になるものと考えられる。

　今日の教育的課題の背景にあるのは主に，明治において「受容」された数学が，その後，部分的にしか浸透しないまま，或いは深い部分で消化しきれないまま，或いはこれまでに，学校数学の基盤を蔑ろにしている傾向，その基盤に内在する数学の「発生的要素」や「受容」の「始原的要素」が考慮されていない或いは消去されているという状況が生まれたまま，検討もなく今日に至っているという問題であると考えられる。

本論文の論旨を次にまとめておく。

まず，第1章において，本研究の課題意識（情意的学力低下，固定的数学観等）を明確にし，論点を次の3点の研究課題に絞った。

> (1) 文化的視座から，現在の学校数学につながる源流・潮流を，数学の多世界性・数学の歴史展開として概観する。
> (2) 様々な角度から，「近代日本の数学教育の原点」に遡及し，数学教育が形をなす時代を，文化史的な視座から考察する。
> (3) 学校数学に通底する基盤を歴史的・文化的に明らかにし，その視座から学校数学の将来的展望を俯瞰する。

次に，第2章において，数学の文化的基盤を前提に，数学の多世界性・歴史展開とそれらの相互連関を問題にした。（第3章で問題にする日本の数学教育はその光の下で独自の様相を明らかにすると考えた。）

次のように，文化性に着目し，世界の数学の歴史展開を概観した。

数学は，数学的知識・表現・考え方等を対象とする人間の働きかけ・捉え方であり，その活動による文化的所産である。そして，数学内外の文化的要素には影響力のある関係性が存在する。その関係性の中で，世界に存在した（している）数学（伊東（1987）の五つの基本類型）という横糸と，それぞれの特色を持ち展開した数学（F.クライン（1924）の3系列）という縦糸が有機的に絡み合い，それが数学を一種の有機的全体にしている。

以上のように考えることにより，世界の数学の歴史展開については，次のような捉え方をするに至った。

> (1) 数学 mathematics はその英語表記のように一つではなく，文明の数だけ存在する。それは文明を支える集団の「考え方」の結晶作用の結果であって，だからこそその「考え方」の基盤に組み込まれ，さらにまた新たな「考え方」が醸成される。この循環が成立するとき，数学は文明の数だけ誕生することになる。

第6章　研究のまとめと今後の課題

> (2) したがって数学の展開の仕方には複数の系列がある。「考え方」を規定する文脈という特殊と，「考え方」が脱文脈に向かおうとする汎化との相克の下で，数学は分裂し，時に共存し，あるいは混じり合いながら展開してきた。
> (3) そのため現在も各文化の中で，考え方のレベルで数学はつくられ発展している。

　第3章からは，西欧で発展した数学を世界の数学の歴史展開の中で相対化することによって，日本に導入された数学から和算は洋算化され，同時に洋算は和算化されていくことを論じようとした。
　まず，第2章で述べたような，世界の数学の歴史展開を有機的全体として捉えるという視点をわが国の数学教育の歴史的な展開に適用することによって，以下の問題点を指摘した。

> (1) 近代日本の数学教育の原点において和算を捨て西洋数学を選択したことに対する精緻な検討の重要性。
> (2) 日本における数学教育の歴史的展開を，その文化性に着目して見直す必要性。
> (3) 数学教育の今日的課題を歴史的に遡及する可能性。

　近代日本の数学教育の原点は，明治維新における西洋数学の受容であり同時に和算の排斥であるが，どのような経緯でそのような選択に至ったのか，またその選択により何を得，何を失ったのか，などについて，確認していった。その結果，次のような認識に至った。
　明治政府の西洋数学採用という「英断」と西洋数学受容における和算の果たした功績は広く評価されているところである。しかし，その後の学校数学への西洋数学の定着・発展において，西洋数学の翻訳に終始しその上澄みだけが取り入れられていった点や徳川期を通じて発展した和算のよさは顧みられてはいない。和算の伝統の一部（そろばん等）はその後の学校数学に残さ

215

れたものの，これまで見てきたように，和算の排斥と西洋数学の受容，その後の学校数学での西洋数学の発展という経緯の中には，和算や西洋数学の基盤になる精神文化に対しての十分な検討は見られない。それがなされないまま現在に至っている。弱められた和算の精神基盤にある帰納的精神あるいは試行追求的精神を，また，それらから生まれる直観，類推や帰納的方法等を問い直し検討したうえで，わが国現在の学校数学の展開にそれを生かすことが今要るのではないかと考える。そして，このことは，和算のよさだけではなく，しっかりした精神的哲学的基盤に支えられた西洋数学のよさの再認識，再発見にもつながり，これからのわが国現在の数学教育の発展につなげていくことができるものと期待される。

　第4章では，ここまでに得られた知見を基に，さらに関係する「日本の数学教育が形をなす時代」の新たな考証を加えて，「数学教育における文化的価値」の視点から高校数学教育内容を批判的に考察した。

　第4章第1節では，日本の数学教育が形をなす時代における西洋数学の「輸入」と「受容」について次のように結論した。和算の伝統を持つ日本に，幕末から西洋数学が「輸入」されていった。算術および初等代数学の初歩は，比較的早く明治初頭には，「和算の洋算化」によって，「受容」された。初等代数学は，「洋算の和算化」（数学術語統一の動き，翻訳書の充実，教科書の整備など）を経て，明治中期頃から，「受容」されていったとみることができる。

　第4章第2節では，中等教育の数学内容について，算術・初等代数学の受容と和算との関係性から考察した。幕末において，西洋数学の輸入が本格的になった。西洋数学の質的な輸入は，まず，算術および初等代数学の初歩に関わる内容について行われた。明治10年（1877）代には，東京数学会社訳語会の活動を中心とした数学の術語を統一する活動と翻訳書整備の進行とが相俟って，和算には無かった西洋数学の内容においても質的な輸入がされていった。明治20年（1887）頃，翻訳書も充実していき，中等教育の教科書（訳本ではないもの）が整備され始めて，初等代数学についてはその意義に関わるところにおいても受容が始まったとみることができる。そして，初等代数学は，「洋算の和算化」（数学術語統一の動き，翻訳書の充実，教科書の整備など）を経て，明治中期頃から，「受容」されていった。明治20年代の藤

第 6 章　研究のまとめと今後の課題

澤利喜太郎において，「初等代数学」の「受容」は成されていたものとみることができる。藤澤の理念を，算術教科書・初等代数学教科書を中心に探った。藤澤は，「算術」と「代数」の区別とそれぞれの役割を明確にし，「算術」と「代数」との接続を強く意識していた。藤澤が「初等代数学」の「受容」の過程でそのような意識を持ったことには，日本に和算の伝統があったことが深く関与していることが考えられる。藤澤は，西洋数学を「受容」する前の，日本の文化的基盤として「和算」を捉えていたからである。三千題流算術は，多数の求答式問題を用意するという和算的なものではあったが，西洋数学の本質的な系統性や演繹性の欠如したものであり，西洋数学を受容しているとはいえない。理論流儀算術は，フランスの西洋数学を導入したものであるが，和算という日本の文化的基盤を考慮していないことから，これも西洋数学を受容しているとはいえないであろう。藤澤の算術及び代数は，和算という日本の文化的基盤を考慮して，その中に西洋数学を取り込んでいる，即ち，西洋数学を受容しているということができる。

　第 4 章第 3 節では，中等教育の数学内容について，三角法・対数の「受容」を考察した。まず，幾何分野における西洋数学の受容を概観した。菊池大麓は，当時のイギリスの数学文化に大きな影響を受け，帰国してから，ユークリッド幾何学を採用し，それを日本への移植することに努めた。その際，言文一致文体の創造と日本人の思考様式の改革を図った。それらが，『初等幾何学教科書　平面幾何学・立体幾何学』（1888・1889）という形として結実した。ここにおいて，ユークリッド幾何学は「受容」され，それが後の中等学校における「幾何学」の基盤になったその後，菊池が重視した「推理力」は，抽象的な能力へと転化し，数学教科書の内容から歴史と著者が消えていった。わが国現在の数学教育に対して，次のことが指摘できる。菊池が重視した「推理力」が日本に導入された歴史的文脈の検討を経ないままに現在に至っているのではないかという点である。

　第 5 章第 1 節では，高校数学の基盤をなす代数表現について，その文化性から考察した。幕末から明治にかけて，日本は西洋数学を受容することになるが，そのとき日本にはこの「点竄術」があったため，洋算についてはそれを比較的容易に受容できたようである。ただ，その際，『洋算用法』等を見る限り，表面的に和算を洋算に翻訳しているに過ぎないことがわかる。

217

「記号代数」の意味や意義といったその重要性を認識してのものではなかった。その後，和算を廃止し，表面的に受容した「記号代数」を「手段」としながら西洋数学を急いで取り入れることにのみ汲々とし，「記号代数」の重要性が省みられることもなかった。現在の高校数学においては，「代数」や「解析」の習得を急ぐ余り，記号化や公式化をその習得の「手段」と考えそれも急ぐことになってはいないだろうか。教材の本質を見失わないためにも，「記号代数」を「手段」としてだけ捉えるのではなく，「記号代数とその表現」自体を学校数学の「目的」として捉え直すことが，今，必要であると考えた。ここで，次の2つの課題を挙げた。

(1) 「前代数」段階から，真の「代数」段階への移行の際の困難性（特に，既知数を文字で置き換えることの必然性に関わる部分など）については尚一層の検討が必要である。
(2) 「記号代数」を「手段」としてだけ捉えるのではなく，「記号代数とその表現」自体を学校数学の「目的」として捉え直し教材化していく具体的な手立てが考えられなければならない。

第5章第2節では，算術・代数学分野の「受容」と現行の学校数学について，第4章第2節をさらに発展させる方向で，新たな考証も加えながら考察を深め，次のことがわかった。藤澤の算術教科書・代数学教科書を中心として，算術・代数学に関わる西洋数学は日本の文化的基盤の中に「受容」されている。算術には「数え主義」を，それにつながる代数学には「形式不易の原理」をしっかりと据えることにより，算術・代数学の「受容」は明治30年（1897）頃に成されたとみることができる。

第5章第3節では，中等教育の数学内容について，解析基礎分野における西洋数学の受容から考察した。藤澤（1895）は，「初等数学」として，「算術」，「代数」，「幾何」，「三角法」の4科目を挙げている。菊池と藤澤の中等教育におけるカリキュラム構想は，1902年の「中学校教授要目」に具体化された。その「中学校教授要目」において，第5学年の「三角法」は，「代数」と「幾何」とが乗り入れる重要な役割を担っていた。その後，「高等学

第6章 研究のまとめと今後の課題

校令」(1918)によって，第5学年の「三角法」が，「代数」と「幾何」とが乗り入れる重要な役割を骨抜きにされ，カリキュラムを統合する理念が失われた。そこで，「三角法」に代わるカリキュラム統合の軸として，工業学校関係者によって「微積分」が提案されるが，それが中等学校一般のカリキュラムに導入されたのは戦時期においてであった。近似式・計算尺・微積分の導入など，梶島二郎の先駆的提案は，1920年代数学教育改造運動における産業主義の台頭により，改造運動の実験場としての工業高校の機能を生み，小倉金之助らの活動を介して，中等教育の教師に浸透し，戦時期に至って中等教育一般に波及していった。

さらに第6章では，「数学教育における文化的価値」を基本的理念として考察し，学校教育において実践する際の数学教育的意味を明確にしていき，学校数学教育の改善の可能性と展望を考察するなどの，「数学教育における文化的価値に関する研究」のまとめを行い，今後の課題を明らかにした。

数学教育の意義を考えるとき欠かすことができない大切な要素が二つある。一つは，数学内容の発生的要素であり，もう一つが，それを教材とするときの始原的要素である。数学は実用的な必要性から発生し，その学的な展開は社会との関係を持ちながら文化の中で進展し，さらにそれ自身文化的要素として結晶し，社会の文化的基盤の中に繰り込まれていく。そういう「文化システム」における数学の意味や価値，役割や機能，方法は，それぞれの地域世界で異なっており，このことが同時にそこで扱われる数学の内容をも大きく規定している。また，それぞれの文化的基盤の中で発生し育った数学もあれば，新しく文化的基盤の中に「受容」した数学もある。その数学内容を教材として教育の中に導入するとき，数学内容そのままを教育の中に取り込むわけではない。「文化システム」における数学の意味や価値，役割や機能，方法，そして，扱おうとする数学内容の発生的要素とその文化的基盤の中で将来を担おうとする子どもたちの心理的要素などを総合的に考慮した上で，数学内容を教材として取り込んでいるのである。だからこそ，数学教育の意義は，数学内容の発生的要素と数学教材としての始原的要素を抜きには生まれないし，この二つを確かめていくことは，意義を踏まえた数学教育の行く末を考える際に欠かすことのできない大切な視座となるであろう。

219

第2節　学校数学の将来的展望の俯瞰

要　約

　これまでに得られた知見を基に学校数学の将来的展望を俯瞰するとき，次の2つのことが期待できる。
　一つは，「受容」以前の基盤であった「和算」の精神文化の見直しによる改善である。
　もう一つの期待は，数学の「発生的要素」と「受容」された教育内容の「始原的要素」に着目した，現行の数学教育内容に対する見直し・検討による改善である。

　これまでみてきたことから考察できる学校数学教育の改善の可能性と展望について，次にまとめておく。

1．初等教育における算数

　藤澤（1895）が，「算術中に理論はない」（p.87）というように，児童の心理的要素を考えれば，初等数学教科は，理論ではなく，具体的なことを通して，日常的な事象の中にある数理を学ばせるものであろう。
　板垣（1986）は，次のように述べている。

　　　算数は，記号代数の理論や理論の関数概念の侵入と対決すべき性格を負わされているもの，と考える。
　　　西欧数学の歴史にたとえれば，初等数学教科が志向するのは，ギリシャ以前の，いわば，幾何や代数の区別のない数学の始原のところである。
　　　どこかを拓くことによって，今日の算数が児童の将来にとって，魂のふるさとになる部分を担えることになると考えたい。（p.9）

　初等教育では，算数の教育内容に，記号代数の理論や理論の関数概念といった「理論」を持ち込まないことが大切である。現在の小学校の算数の教

育内容を，その視点から，見直し検討していくことが必要である。

　さらに，算数の教育内容を創る上で，次のような方向での検討が必要になろう。主に第3章において述べたように，和算の伝統の一部（そろばん等）はその後の学校数学に残されたものの，和算の排斥と西洋数学の受容，その後の学校数学での西洋数学の発展という経緯の中には，和算や西洋数学の基盤になる精神文化に対しての十分な検討は見られない。それがなされないまま現在に至っている。弱められた和算の精神基盤にある帰納的精神あるいは試行追求的精神を，また，それらから生まれる直観，類推や帰納的方法等を問い直し検討したうえで，わが国現在の学校数学の展開にそれを生かすことが今要るのではないかと考える。そして，このことは，和算のよさだけではなく，しっかりした精神的哲学的基盤に支えられた西洋数学のよさの再認識，再発見にもつながり，これからのわが国現在の数学教育の発展につなげていくことができるものと期待される。

2．算数と数学の接続

　岩崎秀樹（2007）は，次のように述べている。

> 　洋の東西を問わず，歴史的にみれば，初等教育は義務教育として1つの完成教育であり，全ての子供に将来の社会人として不可欠な基本的知識・技能を身につけさせることを目標としていた。それは本来的に職業的な意味を含め，日常生活の必要性に応ずるものであった。すなわち算数（arithmetic）は，上級の数学（mathematics）への接続を仮定していたわけではない。一方中等教育は伝統的に人文主義的な教養を授けることを目標とし，初等教育における日常生活的な知識・技能とは無関係のものであった。今日の前期中等教育は歴史的に自己同定をされることもなく，したがって本来の体質を改善しないままに，算数を自然に継承発展させているつもりで，因数分解や関数や図形と論証などの伝統的数学を，ほぼそのままの形で子どもたちに教え込んでいるのが，現状であろう。(p.2)

このように，これまでの初等教育・中等教育を概観した上で，情報化等の

221

高次な産業形態となった現代は，伝統的な普通教育の守備範囲である「基礎学力の充実」を超えて，人間能力の拡大再生産を可能にする学校教育を求めている時代であると捉えている。そして，次のように述べる。

　　　そのため小学校から高校までの数学教育を一貫させるカリキュラムの開発は不可避となるが，そこには自ら初等レベルの算数と中等レベルの数学との接続が，問題として内包される。

　岩崎（2007）の研究は，この「算数と数学の接続」という教育的課題に，主観的認識から客観的認識への変容という認識論的問題を重ね，「一般化」という視座から迫ったものである。現代において，このような研究・検討が重要になってきていると考える。
　上に引用した「これまでの初等教育・中等教育の概観」で述べられているような，初等教育と中等教育のはっきりとした分離は，少なくとも藤澤が明治において算術・代数学の教科書を編纂する際には見られないようである。藤澤は，中等教育をそれまでのエリート教育としてではなく普通教育として位置づけようとし，「算術」と「代数」の区別は明確にしたが，それは「算術と代数の接続」が切実に十分に意識されてのものであった。現代においても，この藤澤が明治において行ったような検討が要るのではないか。私たちも今，現代において浮かび上がってきた「算数と数学の接続」という教育的課題に取り組まなければならないと考える。その際，1．で述べたような留意が必要であることは言うまでもない。

3．中等教育における数学

　ユークリッド『原論』は，過去，図形の変化や動きを捉えていないもので見方が狭く限定されている図形論として批判され，現在，学校数学からは『原論』の記述の仕方や姿は消えているように見える。
　板垣（1998）は，学校数学の論証指導の内容と方法について，次のように述べている。

　　　ユークリッド「原論」は，図形の変化や動きをとらえていない。図形

を動かすことをタブーとし，見方を狭く限定して図形論を展開している。そのような「原論」の記述の仕方や，よそゆきの形式を抜け出して，直感的で自由な見方，なかんずく図形を動的にみることを教えるべきである。

　以上のような考えが基になって，算数の図形領域に非論理的内容が盛り込まれ，中学1年の図形教材は形式にとらわれない題材をないようにするようになったと思われる。しかし，算数の教材が論証体系に伴う記述を脱却し，たとえば，測定・測量などの実用に向かう材料からなっているかといえば，そうはなっていず，むしろ，論証幾何の定理と証明で見慣れた提示の仕方で占められている。

　また，中学1年の，形式を脱した教材が，2年3年の論証の理解への，よき前段階の教育内容を形成しているかと考えると，点集合，作図，移動（変換），直線や平面の位置関係，切断面といろいろあって目まぐるしく，続く学年の，「定理」や「証明」の学習をし易くしているとはとても考えられない。

　<u>動的に見ることは，静的に見ることがなされてこそ，深くなされるのである。</u>（略）そもそも，算数でいう図形を変化で考えるというのと，20世紀数学の「変換」の観点で図形を捉えるのとでは，動的の意味が異なる。変換幾何の観点は，児童・生徒の知的水準を超え，興味や関心の対象にならないと思う。

（略）

③　三平方の定理（ピタゴラスの定理）

（略）

　図形を「動的に」とらえれば分かるのに，どうしてそうしないで，定理といい，その「定理の逆」といって，生徒が覚えなくてもいい証明を語っているのであろうか。

　答えは，数学教育史の上で，われわれは，図形についての初等数学をユークリッド「原論」の影響のもとに語っているからである。

（略）

　原論では，命題が，作図の手順を描写するように書かれている。錯角を等しく引いた直線が平行になるというのは第1巻命題27であり，この

223

命題の逆がいわゆる平行線の公理で，要請5として，対偶表現で記されてある。定規とコンパスで作図するように，手順を筋道にして丁寧に記述し，日常のことばで日常使うように述べている。数学概念を背負わされた記号や，数学の業界用語は出てこない。

　描かれて見える図形について，論理の連鎖が綴られ，背理法も自然に使用される。かつては，原論の「読み・書き」で，筋道立てて考えることが学習されたと推測される。

　高校で，命題を対象化して語り，次のような命題を例に説明される背理法が，はたして，中学で学んだ「証明」と結びついて理解されるであろうか。

④　「$\sqrt{2}$は無理数である。」（pp.449-450）（下線は筆者による）

　初等教育はもちろん，中等教育においても，「もっと静的にみることが大切にされてよい」という提言である。算数と数学の接続の際に留意される「理論の導入」という事項が，小・中・高を通しての幾何領域や解析基礎領域においてももっと慎重に扱われなくてはならない。このことに対する検討が必要である。さらに，わが国現在の数学教育において問題になるのは，菊池が重視した「推理力」が日本に導入された歴史的文脈の検討を経ないままに現在に至っているのではないかという点である。現代が，効率性の原理と心理学の知見に基づいて教科書の内容が配列される時代であるからこそ，古典の地位の再評価や見直しが今必要であると考える。

　板垣（2000）は，学校数学の「関数」の指導について，次のように述べている。

　　三角比，三角関数，累乗と指数関数，対数関数等々，その一つ一つが学習対象としてそれぞれ固有の内容を持っている。よって，集合の，複数の関数とその性質の学習は，一つ一つの関数の学習とは思考の層が別である。たとえば，微分や積分を習うとき，複数・集合の関数が対象にされて微分や積分の演算の性質が語られる。

　　一意な対応という「定義」による関数は，個々の関数と，集合の関数とも，また別の思考の対象となる。中学校数学で，定義して関数を教

第6章 研究のまとめと今後の課題

え，グラフや文字式を関数の「表し方」と説明するようになって，30年ほどになる。その間，指導要領は二度改められたが，関数概念を核にする「数量関係」の内容は硬直したままである。
　「対応」と語る関数の学校数学への導入は，現代数学・大学の教育課程の影響と考えられる。その悪しき影響は，算数教育については「関数の考え」となって及び，指導内容の有機的連係を妨げていると論ずる。（p.1）

以上は，板垣（2000）論文の要旨である。具体的に論じた関係の箇所を本文から引用してみよう。

　「関数」を教えてきたことが，実体のない「関数」を，われわれの教材観のなかで仮想現実化し，式，表，グラフを「関数」の表し方と呼んで，式や表やグラフを関数に従属する3点セットに観る「まとめ方」を流行らせた。（p.2）

　「関数」は数表やグラフや式で表されるものであるなら，「関数を利用する」とは，表にしたり，グラフにしたり，文字式にして，それらによって処理し，考え，問題を解くことである。表，グラフ，式のどれが選ばれるか，どれが適切かは，題材，事象に応じて決まることで，問題や課題で異なる。また，表，グラフ，式にすることは，それぞれに，相互の関連で学ばれることである。それらの学びは，「関数」を中心において，関数概念の把握を目標に企画，展開される授業では，よく学習されないのではないかと考える。（p.3）

日本が西洋数学を受容した際，「算術」・「代数」・「幾何」・「三角法」（・「代数」の中の「対数」）は，上に述べられているように，その一つ一つが学習対象としてそれぞれ固有の内容を持っていた。受容されたときは，それぞれの固有の内容として学ばれていた。ところが，それらの多くが，現在の学校数学では，一意な対応という「定義」による関数として学ばれている。その経緯についてはこれから検討していかなければならないが，少なくとも今，次

のことが検討されなければならないと考える。現在の学校数学で学ぶ三角比，三角関数，累乗と指数関数，対数関数等々には，その一つ一つが学習対象としてそれぞれ固有の内容を持っているものとして学ばれるべき領域があり，それが今忘れ去られてはいないか，という点である。（例えば，和算にもあった「三角関数表」や「対数関数表」など，帰納的方法から作られる「表」の扱いの改善などが考えられる。）

4．学校数学の将来的展望の俯瞰

これまでに得られた知見を基に学校数学の将来的展望を俯瞰するとき，次の2つが期待できる。

一つは，「受容」以前の基盤であった「和算」の精神文化の見直しによる改善である。和算の伝統の一部（そろばん等）はその後の学校数学に残されたものの，和算の排斥と西洋数学の受容，その後の学校数学での西洋数学の発展という経緯において，和算や西洋数学の基盤になる精神文化に対しての十分な検討がなされないまま現在に至っているのではないか。弱められた和算の精神基盤にある帰納的精神あるいは試行追求的精神を，また，それらから生まれる直観，類推や帰納的方法等を問い直し検討した上で，わが国現在の学校数学の展開にそれを生かすことを考え実践していかなければならない。そして，このことは，和算のよさだけではなく，しっかりした精神的哲学的基盤に支えられた西洋数学のよさの再認識，再発見にもつながり，これからのわが国現在の数学教育の発展につなげていくことができるものと期待される。

もう一つの期待は，数学の「発生的要素」と「受容」された教育内容の「始原的要素」に着目した，現行の数学教育内容に対する見直し・検討による改善である。数学を，文明を支える集団の「考え方」の結晶作用の結果とみるとき，数学の「発生的要素」は，数学教育の意義にも関わる大きな「文化的価値」の一つである。また，西洋数学の「受容」を，数学の「発生的要素」を考慮して日本の主には和算で培われた文化的地盤の中に組み込まれたものとみるならば，「受容」された教育内容の「始原的要素」は，大きな「数学教育における文化的価値」の一つとなる。このように「発生的要素」や「始原的要素」を見直し重視するという学校数学の基盤を見据える視座を

もって，学校数学の教育内容をよく見直し検討していくことにより，「数学教育における文化的価値」が実現できるものと期待される。

第3節　今後の課題

要　約

　本研究の成果を確認することにより導出した今後の課題は，次の3点にまとめられる。
(1)　幾何・論証や関数・微積分に関わる分野における学校数学の基盤の検討
(2)　学校数学の基盤の獲得から今日の数学教育の課題に至る経緯の検討
(3)　学校数学の基盤を見据える視座での数学教科内容の更なる精緻な検討

　ここで，本研究の成果を確認し，その上で，今後の課題を導出したい。
　本研究は，主には算術・代数学に関わる西洋数学の「受容」様態を明らかにし，明治30年（1897）頃に成された「受容」が現在の学校数学を通底する基盤であると考えた。学校数学全般に関わる内容において，現在の学校数学の基盤を少なからず明らかにしたと言ってよい。しかし，幾何・論証に関わる分野と関数・微積分に関わる分野には殆ど言及していない。
　また，学校数学の基盤を見据える視座をもって，現在の学校数学の教育内容とその展開の仕方を見るとき，そこには，学校数学の基盤を蔑ろにしている傾向，その基盤に内在する数学の「発生的要素」や「受容」の「始原的要素」が考慮されていない或いは消去されているという状況がみえてくる。その状況は，数学教育の意義に大きく関わるところであり，そのことが，本論文の最初に述べた「情意的学力低下」や「数学離れ」という今日的課題につながっていると考えることができた。正に，「数学教育における文化的価値」が実現されていないという状況である。「数学離れ」のような課題は，数学教育内容が内包しているものであり，その課題解決には，学校数学の基盤を見据える視座での数学教科内容を中心とした精緻な検討が何より必要となるであろう。しかし，本論文において確認した学校数学の基盤の獲得から

今日の数学教育の課題に至る経緯については，本論文において検討するには及ばなかった。

今後の課題は，次の3点にまとめられる。

---

(1) 幾何・論証の関係分野と関数・微積分の関係分野における学校数学の基盤を明らかにすること。

(2) 学校数学の基盤の獲得から今日の数学教育の課題に至る経緯を検討すること。

(3) 学校数学の基盤を見据える視座での数学教科内容を中心とする更なる精緻な検討と係る教材開発を推進すること。

本論文では，現在の学校数学を通底する基盤と，学校数学の抱える今日的課題との関係の上にその基盤が蔑ろにされている現状とを明らかにした。なお，上に示したような今後取り組んでいくべき，残された課題は多い。これからも更に，「数学教育における文化的価値」の今日の学校数学への実現を志向する研究と実践を推進していきたい。本論文は，その出発点であり，これからの拠点である。

引用・参考文献

Bishop, A. J. (1988), "Mathematics Education and Culture", Kluwer Academic Publisher.
Baba T, Iwasaki H, Ueda A and Date F. (2012), "Values in Japanese Mathematics Education: Their Historical Development", ZDM, 44 (1), pp. 21-32.
Boyer, C. B. (1968), "A History of Mathematics", John Wiley & Sons, Inc.［カール・B・ボイヤー／加賀美鐵雄他訳（1983），「数学の歴史」1～5，朝倉書店．］
Ernest, P. (1991), "The Philosophy of Mathematics Education", The Falmer Press, p. 138.
Heath, T. L. (1912), "The Works of Archimedes with A Supplement The Method of Archimedes", Dober Publication, Inc., New York.
Kikuchi, D. (1912), "Analytical Geometry", Dai Nippon Tosho.
Klein, F. (1924), "Elementar Mathematik vom Höheren Standpunkte aus I", Dritte Auflage Verlag von Julius Springer Berlin.［F．クライン／遠山啓監訳（1959），「高い立場からみた初等数学」，商工出版社，pp. 109-120.］
Neugebauer, O. (1935-1937), "Mathematische Keilschift-Texte (3vols)", Berlin: Springer.
Wilder, R. L. (1968), "Evolution of Mathematical Concepts—An Elementary Study—", John Wiley & Sons, New York and Toronto.［R．L．ワイルダー／好田順治訳（1980），「数学の文化人類学」，海鳴社，pp. 23-41.］
アラン J．ビショップ（A. J. Bishop）著／湊三郎　訳（2011），『数学の文化化―算数・数学教育を文化の立場から眺望する―』，教育出版．
ファン・デル・ヴェルデン（B. L. van der Waerden）著／加藤文元　他　訳（2006），『ファン・デル・ヴェルデン　古代文明の数学』，日本評論社．
青木国夫　他　編（1979），『（江戸科学古典叢書20）西算速知／洋算用法』，恒和出版．
礒田正美（2007），「理数科教育協力にかかる事業経験体系化―その理念とアプローチ―」，独立行政法人国際協力機構（JICA）国際協力総合研修所調査研究報告書，pp. 65-102（第3章：途上国と日本の算数・数学教育，3-1 途上国と日本の算数・数学教育）．
板垣芳雄（1985），「有理数の観念について―『形式不易の原理』観の変遷を通しての考察―」，日本数学教育学会誌『数学教育』，第67巻，第5号，pp. 2-9.
板垣芳雄（1986），「藤澤の『算術条目及教授法』を読む（I）―理論流儀の普通教育上における弊害―」，日本数学教育学会誌『算数教育』，第68巻，第6号，

pp.2-8.
板垣芳雄（1986），「藤澤の『算術条目及教授法』を読む（Ⅱ）―日本算術と現在―」，日本数学教育学会誌『算数教育』，第68巻，第8号，pp.2-9.
板垣芳雄（1998），「ユークリッド『原論』に照らして論証指導の内容と方法を考える」，日本数学教育学会第31回数学教育論文発表会論文集，pp.449-450.
板垣芳雄（2000），「『関数概念』あるいは『関数の考え方』を教えるということについて；教育課程論・試論」，日本数学教育学会第33回数学教育論文発表会論文集，pp.1-6.
板垣芳雄（2005），「対数表を使わせる授業の提案」，全国数学教育学会第21会研究発表会発表資料，pp.1-13.
伊東俊太郎（1987），「序説　比較数学史の地平」，『中世の数学』，伊東俊太郎編，共立出版，pp.1-29.
稲葉三男（1931），『数学発達史』，三笠書房，pp.9-17.
岩崎秀樹（2007），『数学教育の成立と展望』，ミネルヴァ書房.
上垣渉（1998），「『学制』期における算術教科書の態様」，日本数学教育学会編『算数教育』第80巻第6号，pp.9-16.
上垣渉（2000），「『小学算術書』の種本に関する再考証」，日本数学教育学会編『数学教育学論究』Vol. 76，pp.3-16.
梅沢敏夫（1969），『現代数学と初等数学〈数学ライブラリー（教養編）3〉』，森北出版，pp.19-31.
瓜生寅　編（1872），『測地略』，文部省.
小倉金之助（1932），『数学教育史』，岩波書店.
小倉金之助（1940），『日本の数学』，岩波書店.
小倉金之助（1956），『近代日本の数学』，新樹社.
小倉金之助（1973），『小倉金之助著作集　第二巻　近代日本の数学』，勁草書房.
小倉金之助（1974a），『小倉金之助著作集　第五巻　数学と教育』，勁草書房.
小倉金之助（1974b），『小倉金之助著作集　第六巻　数学教育の歴史』，勁草書房.
小倉金之助　訳（1997），『復刻版　カジョリ　初等数学史』，共立出版.
大橋志津江，村田尚志，一楽重雄，その他4名（2005），「高等学校の教育のあり方」，日本数学教育学会誌『数学教育』，第87巻，第5号，pp.20-29.
大矢真一（1987），『和算入門』，日本評論社.
海後宗臣　編（1962），『日本教科書大系　近代編　第十巻　算数（一）』，講談社.
海後宗臣　編（1962），『日本教科書大系　近代編　第十一巻　算数（二）』，講談社.
海後宗臣　編（1963），『日本教科書大系　近代編　第十二巻　算数（三）』，講談社.
海後宗臣　編（1962），『日本教科書大系　近代編　第十三巻　算数（四）』，講談

社.
海後宗臣　編（1964），『日本教科書大系　近代編　第十四巻　算数（五）』，講談社．
片野善一郎（1986），「数学教育における数学史」，『数学教育の周辺から―言語と歴史―』，聖文社，pp. 97-116.
片野善一郎（1995），『数学史の利用』，共立出版．
片野善一郎（2003），『数学用語と記号ものがたり』，裳華房．
川尻信夫（1982），『幕末におけるヨーロッパ学術受容の一断面―内田五観と高野長英・佐久間象山―』，東海大学出版会．
川尻信夫（1997），「和算から洋算へと変わる明治の数学教育」『20世紀数学教育の流れ』，日本数学教育学会編，産業図書，pp.3-12.
川本亨二（1999），『江戸の数学文化』，岩波書店．
神田孝平（1864），『数学教授本　巻一・二・三』，江戸開成所．
菊池大麓（1888），『初等幾何学教科書　平面幾何学』，大日本図書．
菊池大麓（1889），『初等幾何学教科書　立体幾何学』，大日本図書．
菊池大麓・澤田吾一（1893），『初等平面三角法教科書』，大日本図書．
公田藏（2006），「明治前期の日本において教えられ，学ばれた幾何」，数理研講究録1513巻『数学史の研究』，pp. 188-202.
国立教育政策研究所教育課程研究センター（2004），『平成14年度高等学校教育課程実施状況調査報告書―高等学校数学　数学Ⅰ―』，実教出版株式会社．
佐々木元太郎（1994），「幾何用語"合同"と菊池大麓―用語"合同"の起こりと定着まで―」，日本数学教育学会誌『数学教育学論究』Vol. 61・62, pp. 29-57.
佐藤英二（2006），『近代日本の数学教育』，東京大学出版会．
佐藤健一（1999），『明治初期における東京数学会社の訳語会の記事』，日本私学教育研究所　調査資料　第218号．
佐藤健一（2006），『和算を楽しむ』，筑摩書房．
澤田吾一（1897a），『中等代数学教科書　上巻』，大日本図書．
澤田吾一（1897b），『中等代数学教科書　下巻』，大日本図書．
杉本勲（1989），『近代西洋文明との出会い―黎明期の西南雄藩―』，思文閣出版．
武田楠雄（1972），『維新と科学』，岩波書店．
伊達文治（1992），「『円周率』関連教材についての考察―解析基礎分野の一教育内容として―」，日本数学教育学会誌，第74巻　第7号，pp. 29-34.
伊達文治（1993），『アルキメデスの数学―静力学的な考え方による求積法―』，森北出版．
伊達文治（2002），「ユークリッド『原論』第1巻の構造―『数学基礎』への教材化を志向して―」，日本数学教育学会誌，第85巻　第3号，pp. 22-28.
伊達文治（2006a），「数学教育における文化的価値に関する研究―数学発達にみる

文化性について一」，日本数学教育学会第39回数学教育論文発表会論文集，pp. 73-78.
伊達文治（2006b），「数学教育における文化的価値に関する研究―日本の数学と西洋数学―」，日本数科教育学会第32回全国大会論文集，pp. 109-112.
伊達文治（2007a），「数学教育における文化的価値に関する研究―和算の特質と西洋数学の受容―」，全国数学教育学会誌『数学教育学研究』第13巻, pp. 29-36.
伊達文治（2007b），「数学教育における文化的価値に関する研究―明治の算術教育における和算と洋算―」，日本数学教育学会第40回数学教育論文発表会論文集，pp. 739-744.
伊達文治（2008），「数学教育における文化的価値に関する研究―高校数学の基盤をなす代数表現とその文化性―」，全国数学教育学会誌『数学教育学研究』第14巻, pp. 51-58.
伊達文治（2009a），「数学教育における文化的価値に関する研究―日本の数学教育が形をなす時代について―」，全国数学教育学会誌『数学教育学研究』第15巻第2号, pp. 115-127.
伊達文治（2009b），「数学教育における文化的価値に関する研究―日本の数学教育における初等代数的基盤―」，日本数学教育学会第42回数学教育論文発表会論文集，pp. 673-678.
伊達文治（2010），「比と比例の指導に関する歴史的考察」，日本数学教育学会第43回数学教育論文発表会論文集，pp. 747-752.
千葉胤秀（1830），『算法新書』，江戸書林.
塚原久美子（2002），『数学史をどう教えるか』，東洋書店.
塚本明毅（1869），『筆算訓蒙　巻一・二・三』，柿内信順蔵板.
寺尾寿（1888a），『中等教育算術教科書　上』，敬業社.
寺尾寿（1888b），『中等教育算術教科書　下』，敬業社.
寺尾寿・藤野了祐共著（1917），『理論応用　算術講義』，東京冨士房.
長崎栄三（2003），「我が国の高等学校3年生の数学の学力に関する諸問題」，日本数学教育学会誌『数学教育』，第85巻，第3号, pp. 2-11.
長崎栄三，久保良宏（2004），「これからの高等学校における数学教育のあり方―『高等学校の数学教育の改革への提言』の分析―」，日本数学教育学会誌『数学教育』，第86巻，第7号, pp. 2-9.
長崎栄三，瀬沼花子（2005），「OECD生徒の学習到達度調査2003年調査の国際結果」，日本数学教育学会誌『数学教育』，第87巻，第1号, pp. 17-26.
長澤亀之助　訳（1887），『スミス初等代数学』，数書閣.
長澤亀之助（1905），『解法適用　数学辞書』，長澤氏蔵版.
長瀬荘一（2003），『〈絶対評価への挑戦2〉関心・意欲・態度（情意的領域）の絶

対評価』,明治図書.
中村幸四郎(1978),『ユークリッド―原論の背景―』,玉川大学出版部.
中村幸四郎(1980),『近世数学の歴史　微積分の形成をめぐって』,日本評論社.
日本学士院日本科学史刊行会(1959),『明治前　日本数学史　第四巻』,岩波書店.
日本学士院日本科学史刊行会(1960),『明治前　日本数学史　第五巻』,岩波書店.
『日本の数学100年史』編集委員会(1983),『日本の数学100年史　上』,岩波書店.
秀島成忠　編(1972),『佐賀藩海軍史』,原書房.
平林一榮(1987),『数学教育の活動主義的展開』,東洋館出版社.
平林一榮(1994),『算数教育における数学史的問題―「量」に関連して―』,皇學館大學出版部.
平林一榮(2004),「第7章　高等学校数学教育理念の問題」,『授業研究に学ぶ高校新数学科の在り方』,長崎栄三他編著,明治図書,pp.165-195.
平山諦(2007),『和算の歴史―その本質と発展』,筑摩書房.
藤井斎亮(2007),「(巻頭言)問題解決型授業の意義」,日本数学教育学会誌『数学教育』,第89巻,第11号,p.1.
藤井哲博(1985),『小野友五郎の生涯』,中央公論社.
藤井哲博(1991),『長崎海軍伝習所』,中央公論社.
藤澤利喜太郎　編(1889),『数学用語英和対訳字書』,国立国会図書館蔵.
藤澤利喜太郎(1895),『算術條目及教授法』,丸善株式会社書店.
藤澤利喜太郎(1896a),『算術教科書　上巻』,大日本図書.
藤澤利喜太郎(1896b),『算術教科書　下巻』,大日本図書.
藤澤利喜太郎(1898a),『初等代数学教科書　上巻』,大日本図書.
藤澤利喜太郎(1898b),『初等代数学教科書　下巻』,大日本図書.
藤澤利喜太郎(1900a),『続　初等代数学教科書』,大日本図書.
藤澤利喜太郎(1900b),『数学教授法講義筆記』,大日本図書.
藤原松三郎先生数学史論文刊行会　編(2007),『東洋数学史への招待―藤原松三郎数学史論文集―』,東北大学出版会.
船山良三(1996),『続　身近な数学の歴史』,東洋書店.
ボス原著,千本福隆・櫻井房記　合訳(1889),『中等教育代数学　上巻』,敬業社.
ボス原著,千本福隆・櫻井房記　合訳(1891),『中等教育代数学　下巻』,敬業社.
松原元一(1982),『日本数学教育史Ⅰ算数編(1)』,風間書房.
松原元一(1983),『日本数学教育史Ⅱ算数編(2)』,風間書房.
松原元一(1985),『日本数学教育史Ⅲ数学編(1)』,風間書房.
三上義夫(1999),『文化史上より見たる日本の数学』,岩波書店.
村田全(1981),『日本の数学　西洋の数学』,中央公論社.

文部省内教育史編纂會　編集（1938），『明治以降教育制度発達史　第一巻』，龍吟社.
藪内清　編（1980），『科学の名著2　中国天文学・数学集』，朝日出版社.
山田孝雄　他　解説（1956），『毛利重能　割算書』，日本珠算連盟.
吉田光由（1627）著，佐藤健一（2006）訳，『塵劫記』（初版本），研成社.
吉田稔　他　編（1996），『話題源数学』，東京法令出版.
米山國蔵（1968），『数学の精神・思想・方法』，東海大学出版会.

あ と が き

　恩師　岩崎秀樹先生との出会いは，7年程前に遡ります。
　2005年に広島大学で行われた全国数学教育学会研究発表会第2日目の総会で，岩崎先生が新理事長として就任のご挨拶をされました。総会が終了して会場の講義室を出られた先生に初対面のご挨拶をさせていただきました。先生の研究室まで案内していただき，博士課程後期において先生の下で研究をしたい旨をお願いしましたところ，先生は快く話を聞いてくださり，これからもご指導をいただけるようなお計らいをいただきました。
　それからは先生にメール等で研究に関してご相談させていただいたり，先生からご指導を受けたりするようになりました。また，岩崎先生がご師事されました平林一榮先生をお迎えしての数学教育学の学習会等にも参加させていただき，ご指導をいただきました。当時，私は広島県立高等学校に勤務しており，自分の研究に時間を割くのも中々難しいような状況にありました。実務家色の強い私をメールや学習会等の機会を通して，次第に研究者としての道にお導きいただいていたような思いでいます。
　広島大学大学院博士課程後期に入学後は，岩崎先生の研究室に所属させていただき，「数学教育における文化的価値に関する研究」を実質的に開始しました。この研究テーマは，学位論文の題目としたものです。この題目は岩崎先生と色々ご相談した上で博士課程後期入学前に決めていました。博士課程後期入学後には研究内容との関係検討の過程で変更したこともありましたが，最終的には学位論文の題目として最初のものに決定することにいたしました。研究に取り掛かった当初，私は修士論文でギリシャ数学を扱った教材開発を数学史の視点から更に発展させるつもりでいました。その年の秋，日本数学教育学会論文発表会が岩崎先生を実行委員長として広島大学で開催されました。投稿に当たり研究室を訪ね，副題を「数学発達にみる文化性について」とする論文原稿を岩崎先生にみていただき，これからの研究の方向性に深く関わるお話を伺うことができました。このとき，先生は国際協力研究科（IDEC）に在籍されていたときの課題意識を話してくださいました。「理

数離れ」等の原因について，途上国の理数教育の問題を念頭に置きながら，時代を遡って西洋数学や西洋科学の受容のプロセスに問題があったのでは，というようなお話をしていただきました。これを機に，私は学位論文作成へのはっきりとした方向性を持つことができたように思います。その後，数学の多世界性から日本の数学（和算）に目を向けていき，幕末において西洋数学を受容した日本の数学の特質と骨格を明らかにしていきました。そして，わが国における西洋数学受容の過程及びその様態を明らかにするという方向性を持って研究を進め，単に数学史の問題としてではなく，数学教育史の課題，そして数学教育の研究主題として位置付けることができるような学位論文として結実させることができました。

博士課程後期に修学中，私は高校教員の現職でありましたから，他の院生と同じようにはできず，授業を欠席することや，ゼミにかなり遅れて出るようなことも度々でした。先生には色々なご心配をお掛けしていたことと思います。

修学3年目になり，上越教育大学教員公募に当たり，先生からのご推薦をいただき，准教授として採用されることが決まりました。約30年間の高校勤務を終え，2008年9月に上越教育大学に赴任し，現在に至っています。広島から遠隔の地になりましたが，先生は，学会や学習会等でいつもお声を掛けてくださり，学会誌の査読において，またメールや書簡でご指導をしてくださいました。3年前には，冬の上越にてセミナーを開いてくださるということもありました。そのすぐ後に，学位に関わる数学教育学の会（D.D.の会）を発足されました。年4回開かれる会では，先生をはじめ会員の皆様からご指導を受けることができました。学位論文審査に関わりましても様々な面においてご高配を賜りました。

このように，先生は，私がどのような環境や状況にあろうとも，あらゆる機会を捉え，あるいは時に機会をつくって，研究者として未熟な私を，懇切丁寧にご指導くださいました。先生からいただいたご恩は，到底書き尽くせません。

岩崎先生の学恩に少しでもお応えできるよう，これから日々精進していきたいと存じます。先生のご健康を祈念し，これからもご指導くださいますようお願い申し上げて，感謝とお礼の言葉とさせていただきます。

あとがき

　恩師　板垣芳雄先生には，兵庫教育大学大学院修士課程時代（20数年前），ゼミに所属させていただき，終始懇切丁寧なご指導をいただきました。「数学史と数学教育」という研究領域に眼を開かせていただきました。数学史との関わりは，今でも私の研究を通底する基盤になっているような気がします。修了後も，書簡や資料をいただいたり，数学教育研究全国大会においてご助言をいただいたりとこれまでご指導をいただいて参りました。博士学位論文に関わる研究に取りかかって知らず知らず，藤澤利喜太郎に関する板垣先生のご論文を読んでいたりするということが少なからずありました。送っていただいた資料はもちろんのことですが，修士課程時代には知らずにいました板垣先生のご論文も沢山読ませていただき，博士学位論文にも大いに参考にさせていただきました。先生のご指導を今もいただいていますこと，本当に心強く思っております。3年前の6月には，宮城教育大学において開かれた東北数学教育学会の席でお会いすることができました。会長をされておられた板垣先生から，ご挨拶やご発表をお聞きすることもでき，直接ご指導いただくこともできました。心より感謝申し上げます。これからもご指導方，どうぞよろしくお願いいたします。

　また多くの先生方にご指導やご助言をいただきました。平林一榮先生には，学習会等において，数学教育学の理念をお聞きすることや外国論文の読み方に至るまでご教授いただきました。D.D.の会では学位論文に関わる私の拙い発表を聞いてくださり，関係資料の検討の仕方から論文のまとめ方に至るまでご指導をいただきました。感謝の念は深まるばかりです。昨年5月，平林先生は，ご逝去されました。その少し前の3月，広島大学で行われたD.D.の会で学位取得のご報告をさせていただいたときの，平林先生の嬉しそうにされていたお姿と優しい笑顔が，今も鮮明に思い起こされます。もう平林先生のお話を聞くことができないと思うと，本当に寂しい思いで一杯になります。今はただ，感謝の念を心に留め，心よりご冥福をお祈り申し上げます。福森信夫先生には，兵庫教育大学大学院修士課程時代にお世話になりました。修了後も，福森先生ご自身の体験を綴られた著書『水流るるままに』をお送りいただいたり，書面にて私の研究に対して数多くの励ましのお言葉を頂戴いたしたりしてきました。厚くお礼申し上げます。湊三郎先生には，3年前の6月，宮城教育大学において開かれた東北数学教育学会の席で

初めてお目にかかりました。それ以来，研究大会等でお話を伺ったり，書面でご指導をいただいたりするようになりました。昨春には，湊先生が翻訳されたアラン J. ビショップ著『数学の文化化』の邦訳本を贈っていただき，学究的また国際的ご見識の高さに裏付けられたその記述に感銘を受けました。また，昨年から今年にかけて，ＺＤＭへの投稿論文を私が分担執筆する際にも，大変丁寧なご指導をいただき，ありがとうございました。湊先生の真摯な学究的ご姿勢に，これからも学んでいきたいと思っています。ご指導方，どうぞよろしくお願いいたします。学位審査をしていただいた今岡光範先生，馬場卓也先生，菅村亨先生，丸山恭司先生には，大変懇切なご指導をいただき，色々な面でご高配をいただきました。学問に対する視野を広げることができ，いただいたご助言やご指導をこれからの研究にも生かしていきたいと考えています。本当にありがとうございました。また，広島大学大学院数学教育学講座の先生方，学会やＤ.Ｄ.の会などでご助言やご指導をいただいた先生方からも多くのお力添えをいただきました。厚くお礼申し上げます。これからも数学教育学の研究領域の仲間に加えていただき，ご指導をよろしくお願いいたします。

　博士課程後期の同期であった真野祐輔さん（現在大阪教育大学）と一期上の阿部好貴さん（現在新潟大学）とは，岩崎先生のゼミで共に学ばせていただきました。私が現職教員で多忙であることを気遣って，小まめに連絡を入れ，大学の様子を教えてくれて，私の修学を本当によく助けてくれました。真摯な研究の研鑽の場である岩崎先生の研究室で共に学ぶことができたことは，私の人生の宝であると思っています。岩崎ゼミの後輩となる岩知道秀樹さん（現在広島大学附属中・高等学校），杉野本勇気さん（現在福山平成大学），大滝孝治さんには，私が広島の地を離れてからも，広島での会合や学会などで様々な面でお世話をいただき感謝しています。その度，岩崎ファミリーの温かい雰囲気を懐かしく思います。ゼミの所属は違いますが，数学教育講座Ｄ院生室の室長であった高井吾朗さん（現在愛知教育大学）には，広島の会合や海外雑誌情報ＩＦの編集などでお世話になりました。国際協力研究科（IDEC）院生の渡邊耕二さんには，学位論文作成の過程で Proof Read をお願いし，細かいところまでよく検討していただきました。広島大学大学院博士課程数学教育学講座に関わる多くの仲間に支えられてきていることを，今

あとがき

　改めて感慨を持って思っております。これからも，平林先生そして岩崎先生の数学教育学の理念を基に，数学教育学の研究を推進していくよう，共に努力を積み重ねていきたいと願い，決意を新たにしているところです。

　上越教育大学の先生方には，私が教育と研究の両方に専念できるよう，励ましのお言葉やお力添えをいただいてきています。本学事務局の方々には日頃から色々とお世話になり，毎日気持ちよく仕事をさせていただいております。志ある本学学生・院生の皆さんは，共に日々研鑽を積み，共に修行の道を歩み，私を支えてきてくれています。心から感謝いたします。

　この書を出版するに当たって，一方ならぬお世話やご配慮をいただきました溪水社の木村逸司氏をはじめ同社の皆さんに，厚くお礼申し上げます。

　ここにお名前を記すことができなかった多くの方々，そして，どんなときも見守り励ましてくれた私の家族にも支えられてきています。感謝の念は深まるばかりです。本当にありがとうございました。

　おわりに，学位論文の結語を次に記して，筆を擱かせていただきます。

　――これからも更に，「数学教育における文化的価値」の今日の学校数学への実現を志向する研究と実践を推進していきたい。本論文は，その出発点であり，これからの拠点である。――

　平成24年　晩秋の上越にて

　　　　　　　　　　　　　　　　　　　　　　　　　　　伊達文治

人 名 索 引

【あ】

会田安明　54, 83
赤松則良　59
安島直円　54, 83
荒川重平　64
アル＝フワーリズミー（al-Khwarizmi）　15, 101
アレキサンダー・ワイリー（Alexandar Wylie, 偉烈亜力）　55, 56
板垣芳雄　113
伊東俊太郎　13, 26
伊藤慎蔵　39, 57
岩崎秀樹　221
ヴィエタ（Vieta, F.）　96, 99, 101, 107, 108
内田五観　83
恵川景之　84
オイラー（Euler, L.）　79
大矢真一　29, 157
奥村吉当　81
小倉金之助　28, 30, 112, 122, 128, 165, 209, 219
尾崎正求　91
小野友五郎　54

【か】

海後宗臣　172, 181

ガウス（Gauss, K.F.）　126
梶島二郎　207, 219
片野善一郎　136
勝海舟　56
川北朝鄰　64
川尻信夫　24
神田孝平　38, 56, 62, 163, 164
カントル（Cantor, M.B.）　16
菊池大麓　64, 86, 192, 203
クライン, F.（Klein, Felix）　19, 20
グラスマン（Grassmann, H.G.）　127
グレゴリー（Gregory, D.F.）　127
クロネッカー（Kronecker, L.）　122
公田藏　85
神津道太郎　60
近藤真琴　39, 57, 60, 64, 91

【さ】

坂部廣胖　83, 84
桜井房記　204
佐藤英二　7, 203, 205, 206, 207
佐藤健一　24, 48
澤田吾一　66, 86, 111
柴山本弥　117
朱世傑　104, 158
神保寅三郎　59
神保長政　91
ステビン, S.（Stevin, S.）　136

スミス, D.E.（Smith, D.E.） 136
関口開 62
関孝和 24, 108
千本福隆 204
孫子 104

【た】

高木貞治 118
建部賢弘 29, 80
田中矢徳 91
千葉胤秀 43, 104, 158, 162
塚原久美子 7
塚本明毅 39, 59, 62, 163, 165, 188, 194
ディオファントス（Diophantus） 98, 100, 101, 108,
ティコ・ブラーエ（Tycho Brahe） 80
デカルト（Descartes, R.） 96, 97, 99, 102, 103, 107, 108
デヴィース（Davies, C.） 60
寺尾寿 136, 137, 183, 188, 196, 199, 203
伝蘭雅（John Fryer, イギリス人宣教師） 60
トドハンター（Todhunter, I.） 64, 91, 122
ド・モルガン（De Morgan, A.） 56

【な】

永井尚志 56
中川将行 59, 62, 63, 64
長澤亀之助 64, 65, 69, 77, 182

中牟田倉之助 56
中村幸四郎 97
ネイピア（Napier, J.） 79, 80
ネッセルマン（Nesselmann.G.H.F.） 97, 101, 107
ノイゲバウアー（Neugebauer, O.） 99

【は】

萩原禎助 58
パッポス（Pappos of Alexandria） 97
ハミルトン（Hamilton, W.R.） 127
林鶴一 117
ハンケル（Hankel, H） 122, 128
ピーコック（Peacock, G.） 127
ピタゴラス（Pythagoras） 15
ヒルベルト（Hilbert, D.） 16
ヒルベルト（Hilbert, D） 127
ファン・デル・ヴェルデン（Van der Waerden, B.L.） 99
福田理軒 33, 60, 62, 92, 193
藤岡茂元 104
藤澤利喜太郎 63, 65, 67, 70, 71, 78, 110, 112, 122, 128, 136, 137, 147, 197, 199, 200, 205, 213, 216
藤野了祐 199
藤原松三郎 83, 120, 121
プロクロス（Proklos） 5, 13
ポアンカレ（Poincaré, H.） 126
ボッス（Boss, N.） 204
本田利明 83

【ま】

松永良弼　81
松原元一　38
真野肇　204
三上義夫　26
村田全　30
毛利重能　158, 159
森正門　81

【や】

柳河春三　32, 33, 39, 57, 77, 105, 163, 171, 193
ユークリッド（Euclid, ギリシア語 Eukleides）　126, 127, 204

吉田光由　43, 104, 158, 160
吉田庸徳　39

【ら】

ラエティクス（Rhaeticus, G.J.）　79
ランダウ（Landau, E.）　125
リーマン（Riemann, G.F.B.）　126
ルーミス（Loomis, E.）　56
ルジャンドル（Le Gendre, C.W.）　203, 204
ロビンソン（Robinson, H.N.）　64, 204

【わ】

鷲尾卓意　106, 163

事項索引

【あ】

アルファベット　106
異乗同除　193, 194, 201
イソノミアー（権利の平等）　25
遺題　108
遺題継承　24
一意性　119
一意な対応　224, 225
一元方程式　66, 108
一次方程式　97
陰関数　209
因数分解　100, 208
インド・アラビア数字　92, 108
『ウィルソン平面幾何学』　204
エジプト　14, 17, 18, 24
エスマン仏国陸軍　59
江戸開成所　164
エネルギー保存の法則　155
演繹体系　14
演繹的証明　27
円錐曲線　103
演段　108
演段術　108
円理　43, 109, 162
『円理私論』　58
『おどろくべき対数規則の記述』　80

【か】

海軍伝習所　38, 56
海軍兵学校　56
開港　106
開成所　38, 56, 59, 73, 164
解析　95, 97, 109, 125
『解析概論』　125
解析学　79
『解析幾何および微積分』　56
解析幾何学　208, 209, 213
解析基礎分野　10, 78, 211, 218
解析基礎領域　224
『解析の基礎』　125
『解析法入門』　101
開平　40, 44, 54, 59, 82, 102, 105, 106, 194
開平法　42, 103, 104
『解法適用 数学辞書』　69
開立　40, 44, 54, 59, 82, 106, 194
開立法　42
可換法則　117
学習指導案　21
学習指導要領　42
各種数表　166, 169
学制　39, 41, 59, 60, 62, 171
学力低下　3, 21, 37
学力低下論　20
可算　147, 157

索　引

假数　82
假数表　84
数え主義　114, 119, 133, 136, 137, 147, 154, 155, 184, 186, 213, 218
『割円表源名八線表』　81
割円句股八線表　82
『割円十分標』　81
下等小学　40
加法定理　79, 80
カリキュラム　218, 219
カリキュラム編成　21
関数　211, 224, 225, 227, 228
函数　56, 63, 78,
関数概念　220, 225
漢数字　82
関数の考え　225
函数表　80, 81
完全数　142
幾何　33, 43, 57, 62, 78, 85, 86, 162, 202, 204-207, 211, 217-219, 220, 225, 227, 228
機械学　30
幾何学　26, 39, 54, 59, 63, 85, 97, 102, 103, 124, 193, 201, 204-206, 217
幾何学教育思想　205
『幾何学教科書』　64, 205, 206
『幾何学原本』　56
『幾何学講義』　86, 204
幾何学的　17, 18, 26
幾何学的演算　102
幾何学的解法　103
幾何学的作図　102
幾何学的証明　101
幾何学的直観　102

幾何教育　85, 206
『幾何初学例題』　62
『幾何初歩』　62
幾何の力　204
『幾何問題解式』　64
幾何率　47, 195
幾何領域　224
帰原整法　108
記号計算　101
記号代数　34, 35, 53, 95, 98, 99, 109, 108, 218, 220
記号代数学　66-70, 107
記号的・機能的数学　13, 15
基数　166, 169
記数法　30, 40, 107
基礎学力の充実　222
基礎・基本の重視　37
基本的知識・技能　221
既知数　107, 108
既知量　102
帰納的推論　29
帰納的精神　27-29, 31, 216, 221, 226
帰納的・直観的　25
帰納的方法　28, 29, 31, 216, 221, 226
帰納法　126
義務教育　221
逆元　119, 120
『九章算術』　103, 157
級数　40, 62, 208
球面三角法　80
教育法令　38
教育令　41
教科書検定　41
狭義の和算　24, 32, 35, 76

245

教材　219
虚数　126
ギリシア　14, 24-26
ギリシャ数学　97, 100
『ギリシャの代数学』　98
近似解　100
近似式　208, 209, 219
九九　186
九九表　45
位取り　101, 156
位取り記数法　36, 45, 49, 106, 107
グラフ　208
黒表紙教科書　41
経済協力開発機構（OECD）　3
計算記号　36
計算尺　208, 209, 219
計算法　107
形式・公理主義　123
形式主義　17
形式不易　117, 120, 121
形式不易性　119
形式不易の大原則　205
形式不易の原理　113, 117, 123, 126-128, 213, 218
形式不易の原則　68, 112, 119, 128, 136, 154, 155
形式不変性　118, 122, 123
形式保存性　114, 123
形而上学　119
芸道的精神　29
計量幾何学　206
結合法則　119
見一　161
言語代数　98, 99, 107

現代代数学　101
検定教科書　190
弦の表　79
『源名八線表』　81
航海術　30, 32, 34, 35, 38, 39, 53, 57-60, 76, 92
広義の和算　24, 32, 35
攻玉社　60, 64, 91
攻玉塾　60
高校数学　51
勾股形　63
公準　126
合成関数　209
構造主義　16
高等学校教育課程実施状況調査　4
高等学校令　207, 219
『高等小学算術書』　177, 182, 189
『高等小学筆算教科書』　174, 188
高等女学校教授要目　112
公理　63, 117
公理化　126
公理主義　16, 127
公理的記述　127
公理的・構造的数学　13, 16
国定教科書　177
国定算術教科書　177, 181, 182, 189
国定制度　177, 181
御軍艦操練所　56
『古今算法記』　108
古代ギリシア　191, 192, 201, 213
古代バビロニア　99, 100, 106, 108
固定的数学学習観　4, 21
固定的数学観　4, 21, 214
コンパス　103

索 引

【さ】

最大公約数・最小公倍数　208
作図可能性　126
座標　208
算学　63
算額　25
三角関数　53, 80, 87, 202, 209-211, 224, 226
三角函数　87, 88, 92, 210
三角函数の対数表　209
三角関数表　202, 209, 226
三角函数表　80, 81, 87, 92, 209
『算学啓蒙』　104, 158
『三角術』　60, 91
三角の力　206
三角比　82, 87, 202, 209, 211, 224, 226
三角比の表　202, 209, 211
三角表　81, 88, 91, 92
三角法　10, 32, 33, 35, 54, 57, 60, 62, 78-81, 84, 92, 93, 202, 206, 208, 209, 211, 213, 217-219, 225
算額奉納　25
算木　107, 108, 109
『算元記』　104
3次方程式　103, 108
算術　10, 26, 32, 33, 35, 39, 46, 47, 53-55, 57, 58, 60, 62-65, 67-76, 78, 79, 86, 92, 93, 97, 99, 102, 110, 111, 118, 119, 126, 136, 146, 155, 171, 177, 183, 184, 190, 191, 196, 201-203, 207-209, 213, 216, 218, 220, 225, 227
『算術』　100, 101, 108

算術教育　10, 38, 42, 46, 47, 49, 72, 73, 119, 182, 187, 190, 203
『算術教科書』　38, 79, 111, 136, 137, 143, 147, 175, 183, 184, 186, 189, 196, 197, 217
算術教授法　75
算術計算　102
算術書　74, 103, 146, 157, 184
算術上の分数　186, 189
『算術條目及教授法』　70, 71, 110, 184, 202
算術・代数的　17
算術平均　99
算数　220, 221, 223
算数と数学の接続　222, 224
算数の図形領域　223
三数法　91, 193, 201
三千題流　203, 217
算盤　107
三平方の定理　29
『算法捷径 新製乗除対数表』　84
『算法窮理問答』　62,
『算法新書』　36, 37, 42, 43, 45, 104, 105, 158, 162
『算法新書首巻』　162
『算法点竄指南録』　83
『算法統宗』　43, 160
算用数字　36
三率比例法　193, 194
四元数　124
始原的要素　213, 219, 220, 226, 227
試行追求的精神　27-29, 31, 216, 221, 226
指数　88

247

指数関数　202, 209, 210, 224
指数の拡張　210
指数法則　210
自然数　113, 117, 118, 122-126, 133, 193
自然正弦　80
実質としての和算　38, 48, 49
実用算術　193, 201
実用主義　111
射影幾何学　208
集合　224
集合論　16
集成舎　60
授業構成　21
珠算　34, 38, 39, 41, 42, 48, 106
10進記数法　99
10進位取り記数法　45, 75, 92, 106, 108
10進小数記数法　99
10進数　161, 187
10進分数　136, 156
10進法　156, 157, 184, 187, 188, 213
純正推理法　205
順天求合社　60
情意的学力低下　3, 214, 227
小学教則　39-41, 85
『小学算術高等科』　175, 188
『小学算術書』　39-41, 172, 181, 188
『小学入門』　39
『小学筆算書』　173, 181, 188
小学校教則大綱　41, 174
小学校教則綱領　41, 173
小学校令　41
定規　103

少数表記　189
小数名数　174
『小数論』　136
上等小学　40
諸等数　40, 64, 176, 182, 188
初等代数学　10, 52, 53, 65, 67, 70, 73, 75, 119, 171, 196, 213
証明的・形相的数学　13, 14
常用対数　210
省略代数　98, 101, 107
初等幾何学　206
『初等幾何学教科書』　85, 86, 111, 192, 203, 204
諸等数　178, 189
『初等数学』　56, 202, 207, 218
初等数学科　74
初等数学的基盤　154
初等整数論　203
初等代数学　65, 78, 86, 92, 93, 110, 112, 119, 156, 190, 201
『初等代数学教科書』　67, 78, 110-112, 128-130, 154-156, 216, 217
『初等平面三角法教科書』　86, 87, 91, 92, 111
『真仮数表』　82
『塵劫記』　29, 30, 42, 43, 45, 104, 105, 156-158, 160
『新式算術講義』　114, 118
『尋常小学算術書』　177, 181, 189
尋常中学校　67
真数　82, 83, 211
真数表　80, 81
『新撰算術』　125
『新撰数学』　62

索　引

心理的要素　219, 220
数学Ⅰ　79, 87, 97, 202, 209
数学学習観　5, 8
数学観　5, 8
数学教育　51, 52, 53, 54, 75
数学教育改造運動　111, 206, 209, 219
数学教育史　6
『数学教育史』　112, 122, 128
数学教育内容　228
数学教育の危機　3, 21
数学教科内容　227
数学教材としての始原的要素　219
数学教授法　114
『数学教授法講義筆記』　112, 115, 155, 184, 189, 199, 200
『数学教授本』　62, 163, 164, 171
『数学教梯』　60
数学局　38, 56, 59
『数学啓蒙』　56
『数学雑談』　124
数学Ⅲ　87, 209
数学史　6, 7
数学的帰納法　126
数学的構造　123
数学的推論　29
数学的知　32
数学的特殊主義　111
数学内容の発生的要素　219
数学Ⅱ　97, 202, 209
『数学の楔形文字文献』　99
数学の歴史展開　37
数学離れ　211, 227
数学文化　25, 37, 38, 49, 86
『数学報知』　55

数学遊戯心　29
『数学用語英和対訳字書』　63
形式・公理主義　123
『崇禎暦書』　80, 82
『数の概念』　117, 125
『数理精蘊』　82
数理学　63
数理書院　64
数量概念　156, 157, 162, 168, 171, 187, 190, 191
数量関係　225
数理率　47, 194
数論　100
図形教材　223
図形領域　223
図形論　223
『スミス初等代数学』　64, 65, 67, 77
スミス初等代数学　186
スミス代数学　66
正割　82, 87
正弦　79, 80, 82, 87
『西算速知』　33, 193
正矢　80, 82
精神基盤　32
精神修養的要素　28
精神主義的傾向　28
精神の哲学的基盤　28, 31, 221, 226
精神文化　31
正接　82
正切　82, 87
生徒の学習到達度調査（PISA）　3
正比例　177, 194
世界の数学史の全体構造　17, 52
積分　63, 224

249

『積分学』 64
絶対値 132
線形代数学 96, 97
戦術 30, 57
前代数 109, 218
線分 102
線分図 179
線分表記 187
総合幾何学 206
操作的・技能的数学 13, 14, 18, 25
操作的・証明的数学 13, 15
『測地略』 85
測地略幾何学ノ部 85
『続筆算摘要』 60
測量 39
『測量集成』 92
『測量全義』 82
そろばん 24, 27, 30, 31, 34, 36, 48, 49, 57, 105-107, 160, 187, 215, 221
存在論的意味 14
『孫子算経』 104

【た】

大学南校 59
対偶 224
帯小数 138-139, 145, 152, 183
対数 10, 32, 35, 40, 54, 59, 79, 78, 83, 84, 87, 88, 90-93, 107, 202, 208-212, 217, 225
大数 166, 169
代数 18, 26, 33, 43, 53, 56-58, 62, 63, 65, 72-74, 79, 82, 95, 97, 101-102, 106, 107, 109-112, 147, 155, 156, 162, 183, 190, 191, 202, 204-209, 218-220, 225
代数学 18, 39, 55, 59, 65, 66, 67-70, 78, 97, 99, 112-114, 131, 155, 156, 186, 201, 212, 213, 218, 227
『代数学』 56, 60, 64, 101
代数学教科書 128
『代数学・第一巻』 120, 121
対数関数 202, 209, 210, 211, 224, 226,
対数関数表 226
代数記号 33, 67, 85, 92, 131, 204, 205
『代数三千題』 91
代数式 97, 208
代数的 18
代数的演算 98, 101
代数的拡大 123
代数的記号法 98
代数的表現 32, 33, 35, 54
代数的用語 102
対数表 80, 82-84, 87, 91, 92, 202, 208-211
『対数表起源』 83
代数表現 51, 52, 75, 77, 78, 92, 95, 96, 106, 217
代数分数 183, 186, 189, 190
代数方程式 70, 98, 103, 108
『代数要領』 60
体積 102
『大測表5巻』 83
『代微積』 55
『代微積拾級』 55, 56
帯分数 145
多世界性 8, 11, 13, 16, 214
単位 63, 146, 182, 184

単位量当たりの大きさ　177, 181, 188
単比例　176, 177, 181, 201
単名数　178, 182, 189
置換積分　209
知識・技能　21
知のエートス　31
チャンブルの対数表　91
『中等教育 高等数学』　208, 209
『中等教育 三角法教科書』　208
『中等教育算術教科書』　137, 140, 183, 186, 196, 203
『中等教育代数学』　204
『中等代数学教科書』　66
中学校教授要目　111, 202, 207, 218
超越関数　209
直観　28, 29, 31, 172, 216, 221, 226
直観的・帰納的　27
築地軍艦操練所　34
ディオフォントス方程式　100
定義　224, 225
定積分　209
デデキント　124, 125
寺子屋　39
展開系列　9
『点竄問題集』　62
天元術　108
点竄術　27, 34, 58, 75, 95, 106, 108, 109
点集合　223
天文暦術　54
天文学　79, 97, 136
天文書　82
独逸学者　73
ドイツ記号　102

ドウエス（Douwes）の航海書　83
東京師範学校　40
東京数学会社　48, 53, 60, 62-64, 72, 76
東京数学会社訳語会　64, 76, 93, 146, 216
東京数学物理学会　62
『東京数学会社雑誌』　62
道具的計算　104, 105, 107
結合法則　119
等差級数　29
同値関係　119
等比級数　29
等分割操作　190
同命数　198
度学　59
度量衡　44, 157, 159, 164, 166-168, 174-176, 181, 182, 187, 188, 201, 213

【な】

長崎海軍伝習所　34, 35, 52-56, 59, 75
長崎海軍伝習生　34
二項演算　117
２次方程式　97, 100, 101, 103, 108
『日本教科書体系 近代編 算数』　172
日本算術　146, 147
日本小数文化圏　213
認知的学力低下　3
沼津兵学校　59
粘土板　99

251

【は】

倍商法　104, 105
配数　83
背理法　224
八算　159
発見的価値　127
発見的方法　28
発生的心理的要素　110, 112, 114, 127, 128, 154, 155
発生的要素　127, 213, 219, 220, 226, 227
八線　82
八線対数表　83, 92, 209
八線表　92, 209
バビロニア　14, 17, 18, 24
パラダイム　16
半九九法　104, 105
反比例　194
比　29, 40, 191-193, 195-199, 201, 202
非可算　147, 157
微積分　33, 54, 57, 60, 207-209, 213, 219, 227, 228
左起横書き　77, 182
非通約量　187
筆算　32, 33, 35, 36, 47, 76, 106, 107
筆算教科書　173, 174
『筆算訓蒙』　33, 34, 39, 41, 46, 62, 163, 165, 166-169, 171, 188, 193, 194
筆算書　195
『筆算提要』　39, 57
『筆算摘要』　60
比の値　201
比の記号　195

比の理論　187
微分　63, 224
『微分学』　64
微分係数　208
微分・積分　55, 56, 121
微分積分学　96, 97
微分方程式　209
非ユークリッド幾何　124, 126
ピラール（Pilaar）の航海書　84
比例　29, 40, 59, 62, 63, 191-194, 197, 198-201
比例解法　193,
比例式　47, 48, 191, 193, 195-197, 199-202
比例配分　29
比例問題　199, 200, 202
比例論　98, 204
歩合算　182, 189
『不休綴術』　29
複素数　117, 124
複比例　201
複名数　175, 181, 182
富国強兵・殖産興業　27
負数　68, 123, 131-133
普通教育　71, 73, 200, 222
普通分数　136
仏学者　73
『復刻版 カジョリ 初等数学史』　79
不定積分　209
部分積分　209
普遍数学　97, 103
不名数　188, 189, 198
ブルバギ的　16
文化システム　13, 219

252

索　引

文化史的な視座　3, 6, 214
文化社会学　31
文化性　21, 49
分割操作　188, 189
分割分数　181, 182, 188, 189
文化的価値　5, 7-11, 51, 85, 96, 205, 213, 219, 226-228
文化的基盤　6, 9, 13, 14, 65, 93, 155, 213, 214, 217-219
文化的視座　3, 6, 10, 11, 13, 214
文化的視点　51
文化的地盤　52, 53, 73, 76, 226
文化的所産　19, 214
文化的数学学習観　5, 21
文化的数学観　5, 21
文化的潜勢力　31
文化的要素　19, 37, 219
分数　40, 68
分数指数　210
分配法則　118
分立主義　17, 18
ペアノ　124
ペアノの公理　117, 224
平行線公準　203
平行線の公理　224
『平三角教科書』　91
平方完成　101
平方根　96, 100, 106
ベクトル　117
ペスタロッチ主義　172
ペリー艦隊　27, 33, 38
ペリー来航　53, 106
変換幾何　223
方程式　62, 70, 97, 98, 103, 155

『方法序説』　102
方法論的自覚　28
ポリス的構造　25

【ま】

右起縦書き　77
未知数　107-109, 146, 195
未知量　102
緑表紙教科書　41
無理数　124, 224
無理数論　124, 125
無理量　204
無理量論　98
命位　166, 168, 169, 187
命位表　174, 181, 186
明治維新　21, 24, 27, 36, 37, 58, 215,
名数　146, 147, 157, 162, 182, 184, 186, 187-190, 198, 199, 201, 213
命数的記数法　107
命数法　40
面積　102
面積図　106
文字式　109
問題解決型の授業　4, 21
文部省　40, 41, 64, 67
文部省内教育史編纂會　39

【や】

訳語会　48, 63
役割としての和算　38, 42, 48, 49
遊戯の数学　25
有機的全体　19, 23, 37, 95

253

有奇零数　187
ユークリッド『原論』　14, 15, 191-193, 203, 222
『宥克立（ユークリッド）』　64
ユークリッド幾何　126, 217
ユークリッド幾何学　85, 201, 203, 205
有理数　97, 113, 114, 118, 136
有理数体　120
遊歴算家　25
洋学者　38, 57, 63
洋算　10, 23, 34-36, 39, 41, 45, 47-49, 53, 57, 58, 60-62, 71, 109, 171, 196, 213, 217
洋算化　23, 213
洋算家　30, 60, 63
洋算教育　37, 38, 49
洋算書　77, 195
『洋算早学』　39, 41
洋算の和算化　32, 35, 38, 42, 48, 51, 64, 216
洋算表現　77, 171, 196
『洋算用法』　32-34, 39, 42, 45, 57, 64, 77, 95, 105, 106, 109, 163, 171, 193, 194, 217
『洋算用法二編』　106, 163
洋法算術　39
ヨーロッパ　24
余割　83
餘割　87
余弦　80, 82
餘弦　87
４次方程式　103
余切　82
餘切　87

余矢　82
四元論　124

【ら】

蘭学　34, 39, 54, 57
蘭学者　73
理数離れ　3, 21
立体幾何　62
累乗　224
量概念　213
量代数の法則　127
『理論応用　算術講義』　199
理論流儀　75, 137, 183
理論流儀算術　74, 111, 154, 183, 196, 217
理論流の算術　146, 184
類推　28, 29, 31, 216, 226
歴史展開　9, 17, 19, 20, 23, 24, 95, 214
暦　32, 35, 76, 80, 81, 92
連続的量論　125
連立方程式　208
60進記数法　99
60進小数記数法　99
論証　27, 85, 98, 205, 213, 222, 223, 227, 228
論証幾何　204
論証体系　223
論証的思考力　204
論理的・演繹的　25, 27
『論理方程式』　64

【わ】

和算　10, 18, 20, 21, 23-25, 27, 28, 32, 34-36, 39, 41, 42, 45-49, 52, 54, 57, 59, 60, 62, 65, 71, 73, 75-78, 80, 87, 92, 93, 106, 108, 109, 162, 168, 171, 201, 204, 209, 213, 216, 217, 220, 221, 226
『和算以前』　157
和算化　23, 213, 215
和算家　26-28, 30, 39, 45, 54, 55, 58, 61, 62, 73
和算教育　37, 38, 49
和算書　108
和算の素養　28, 54
和算の洋算化　32, 33, 35, 51, 216
和算表現　77, 171, 196
和算文化　85, 113, 146, 155-168, 181, 186-188, 190, 191, 193, 205
割声　186
割算九九　159
『割算書』　158, 159

著者略歴

伊 達 文 治（だて ふみはる）

1953年　広島県庄原市に生まれる．
1977年　名古屋大学理学部物理学科卒業
　　　　広島県立（府中・吉田・庄原実業・広島井口・海田）高等学校教諭
1991年　兵庫教育大学大学院学校教育研究科修士課程教科・領域教育専攻修了
2008年　広島大学大学院教育学研究科博士課程後期文化教育開発専攻退学
　　　　上越教育大学大学院学校教育研究科准教授
2011年より現職
　　　　上越教育大学大学院学校教育研究科教授
　　　　博士（教育学）

主　著

『アルキメデスの数学—静力学的な考え方による求積法—』，森北出版，1993．
高等学校数学教育研究会 編，『高等学校 数学教育の展開』，聖文新社，2011．
　　　分担執筆：第6章「新たな視点」§4「文化人類学的視点からみえる数学の歴史展
　　　開」，pp. 198-211，p. 215.
「『円周率』関連教材についての考察—解析基礎分野の一教育内容として—」，日本数学
　　　教育学会誌，第74巻　第7号，1992，pp. 29-34.
「ユークリッド『原論』第1巻の構造—『数学基礎』への教材化を志向して—」，日本
　　　数学教育学会誌，第85巻　第3号，2002，pp. 22-28.
「数学教育における文化的価値に関する研究—日本の数学教育が形をなす時代につい
　　　て—」，全国数学教育学会誌［数学教育学研究］，第15巻　第2号，2009，pp. 115-
　　　127.
「数学教育における文化的価値に関する研究—西洋数学受容による数量概念の変容につ
　　　いて—」，全国数学教育学会誌［数学教育学研究］，第17巻　第1号，2011，pp. 17-
　　　33.
"Values in Japanese mathematics education: their historical development"（共著），ZDM，
　　　44 (1)，2012，pp. 21-32.

日本数学教育の形成

平成25年2月20日　発　行

著　者　伊 達 文 治
発行所　株式会社 溪水社
　　　　広島市中区小町1-4　（〒730-0041）
　　　　電話（082）246-7909／FAX（082）246-7876
　　　　E-mail: info@keisui.co.jp

ISBN978-4-86327-210-1 C1037